소방안전 관리자 2급
기출예상문제집

짧은시간안에 합격 쇼츠

Stand by
Strategy
Satisfaction

새로운 출제경향에 맞춘 수험서의 완벽서

머리말

현대사회는 과학기술 및 건축기술의 발달로 초고층아파트와 같은 초고층건축물이 증가하고 있고, 산업사회의 발달로 인한 대규모 화재를 초래할 수 있는 위험물이 현저히 증가하고 있다. 따라서 이와 같은 화재의 발생을 예방하거나 발생된 화재를 신속하게 진압하여 피해규모를 줄이기 위하여 이에 대응할 수 있는 특별한 조치가 충분하게 강구되어져야 할 것이고, 그러한 조치의 일환으로 소방안전관리자 제도를 두게 되었다.

소방안전관리 책임자 제도를 규정하여 놓은 것은 동 제도가 확립되지 않으면 특수소방대상 건물 등에서 화재발생이 증가하게 되고 일단 화재가 발생하였을 경우 피해규모가 커지는 등 많은 문제점이 뒤따르게 되므로 이에 대한 대책으로 소방안전관리업무를 전담할 책임자를 정하여 놓고 그 소방안전관리자로 하여금 충분히 업무를 수행할 수 있도록 하기 위하여 소방안전관리자가 하여야 할 업무범위와 그 업무를 충분하게 이행하지 아니하였을 경우 그 책임을 추궁할 수 있도록 하기 위하여 소방안전관리자의 직위·직무·책임 등을 법으로 규제하여 제도화한 것이다.

요즘 자주 발생하는 대규모 재난이나 대규모 화재 위험의 증가로 소방안전관리자를 필요로 하는 곳은 더욱 늘어날 전망이다. 이에 서울고시각에서는 2급 소방안전관리자 시험을 준비하는 수험생 여러분의 수험준비에 도움이 되고자 본서를 출간하게 되었다.

본서의 특징

1. **최근 개정된 법령과 한국소방안전원 교재(2025년 7월 발행)에 맞춰 개정**하여 수험생 여러분의 합격에 만전을 기하도록 하였다.
2. 최신 기출문제를 분석하고 고난도 문제를 다수 수록하였다.
3. 2급 소방안전관리자 시험에 출제될 중요 부분을 모두 문제로 구성하였고, 그에 대해 충분히 해설을 수록하여 문제를 푸는 것만으로도 내용을 정리할 수 있도록 하였다.
4. 최신 기출문제를 복원 수록하고 마무리용 주관식 단답문제를 수록하여 시험에 철저히 대비할 수 있도록 하였다.
5. 중요 사항을 다시 한 번 확인할 수 있도록 단원 말미에 OX 문제를 수록하였다.

본서가 수험생 여러분의 합격에 다소나마 도움이 되어 달성하고자 하는 바를 꼭 이루게 되기를 간절히 기원하며, 아울러 저자는 앞으로도 미비점을 보완하고 개선해 나갈 것을 약속드립니다. 끝으로 이 책의 출간에 도움을 주신 서울고시각 김용관 회장님과 김용성 사장님 이하 편집부 직원 여러분께 지면으로나마 감사의 말씀을 전한다.

편저자 씀

시험안내 GUIDE

1 근거법령 : 화재의 예방 및 안전관리에 관한 법률

2 시험일시 : 한국소방안전원 사이트 시험일정 참고

3 시험과목

시험과목	내용
1과목	소방안전관리자 제도
	소방관계법령(건축관계법령 포함)
	소방학개론
	화기취급감독 및 화재위험작업 허가·관리
	위험물·전기·가스 안전관리
	피난시설, 방화구획 및 방화시설의 관리
	소방시설의 종류 및 기준
	소방시설(소화설비, 경보설비, 피난구조설비)의 구조
2과목	소방시설(소화설비, 경보설비, 피난구조설비)의 점검·실습·평가
	소방계획 수립 이론·실습·평가(화재안전취약자의 피난계획 등 포함)
	자위소방대 및 초기대응체계 구성 등 이론·실습·평가
	작동기능점검표 작성 실습·평가
	응급처치 이론·실습·평가
	소방안전 교육 및 훈련 이론·실습·평가
	화재 시 초기대응 및 피난 실습·평가
	업무수행기록의 작성·유지 실습·평가

※ 근거 : 「화재의 예방 및 안전관리에 관한 법률시행규칙」 별표 4

4 시험방법 및 시간

시험방법	배점	문항수	시간
객관식(선택형, 4지 1선택)	1문제 4점	50문항(과목별 25문항)	1시간(60분)

5 시험접수 방법

구분	시·도지부 방문접수 (근무시간 : 9:00 ~ 18:00)	안전원 사이트 접수 (www.kfsi.or.kr)
접수 시 관련 서류	• 응시수수료(현금, 카드 등) • 사진 1매 • 응시자격별 증빙서류(해당자 한함)	• 응시수수료 결제 (신용카드, 무통장입금)
증빙이 불필요한 경우	가능	가능
증빙이 필요한 경우 (최초 학력, 경력, 학·경력, 관련자격증의 경우)	가능	가능 단, 사전심사 필요 (5~7일 소요)

※ 학력, 경력, 학·경력, 관련자격증으로 시험응시한 사람은 **동일한 시험에 대하여 별도의 서류 제출 없이 인터넷접수 가능**

6 응시자 제출서류 및 수수료

① 기본 제출서류
　㉠ 사진 1매(가로3.5cm×세로4.5cm)
　㉡ 응시자격별 증빙서류 각 1부("한국소방안전원 사이트 시험신청" 참고)
② **수수료** : 12,000원

7 합격자 결정

매 과목 100점을 만점으로 하여 매 과목 40점 이상, 전 과목 평균 70점 이상 득점한 사람

8 지부별 연락처

지부(지역)	연락처	지부(지역)	연락처
서울지부 (서울 영등포)	02-850-1378	서울동부지부 (서울 동대문구)	02-850-1392
부산지부 (부산 금정구)	051-553-8423	대구경북지부 (대구 중구)	053-431-2393
인천지부 (인천 서구)	032-569-1971	울산지부 (울산 남구)	052-256-9011
경기지부 (수원 팔달구)	031-257-0131	경기북부지부 (파주)	031-945-3118
대전충남지부 (대전 대덕구)	042-638-4119	경남지부 (창원)	055-237-2071
충북지부 (청주 서원구)	043-237-3119	광주전남지부 (광주 광산구)	062-942-6679
강원지부 (횡성군)	033-345-2119	전북지부 (전북 완주군)	063-212-8315
제주지부 (제주시)	064-758-8047		

제1과목

PART 01 · 소방관계법령 / 1
- 제1장 소방기본법 — 2
- 제2장 화재의 예방 및 안전관리에 관한 법률 — 15
- 제3장 소방시설 설치 및 관리에 관한 법률 — 42
- 제4장 건축관계법령 — 55
- 제5장 종합문제 — 64

PART 02 · 소방학개론 / 69
- 제1장 연소이론 — 70
- 제2장 화재이론 — 79
- 제3장 소화이론 — 83

PART 03 · 화기취급감독 및 화재위험작업 허가·관리 / 89
- 화재취급감독 및 화재위험작업 허가·관리 — 90

PART 04 · 위험물·전기·가스 안전관리 / 95
- 제1장 위험물안전관리 — 96
- 제2장 전기안전관리 — 103
- 제3장 가스안전관리 — 106

PART 05　피난시설, 방화구획 및 방화시설의 관리 / 111
- 제1장　방화구획 등　112
- 제2장　피난시설, 방화구획 및 방화시설의 유지·관리　116

PART 06　소방시설의 종류 및 기준 / 123
- 제1장　소방시설의 종류　124
- 제2장　소화시설의 기준　127
- 제3장　경보설비의 구조　145
- 제4장　피난구조설비의 구조　152

PART 01　소방시설(소화설비, 경보설비, 피난구조설비)의 점검·실습·평가 / 159
- 제1장　소화설비의 점검·실습·평가　160
- 제2장　경보설비의 점검·실습·평가　182
- 제3장　피난구조설비의 점검·실습·평가　192

PART 02　소방계획의 수립 이론·실습·평가 / 199
- 소방계획의 수립 이론·실습·평가　200

차례 contents

PART 03 자위소방대 및 초기대응체계 구성·운영 / 205
- 자위소방대 및 초기대응 체계 구성·운영 ... 206

PART 04 작동기능점검표 작성·실습·평가 / 213
- 작동기능점검표 작성·실습·평가 ... 214

PART 05 응급처치 이론·실습·평가 / 219
- 응급처치 이론·실습·평가 ... 220

PART 06 소방안전 교육 및 훈련 이론·실습·평가 / 227
- 소방안전 교육 및 훈련 이론·실습·평가 ... 228

PART 07 화재 시 초기대응 및 피난 실습·평가 / 233
- 화재 시 초기대응 및 피난 실습·평가 ... 234

부록
- 제1장 2025 기출문제 ... 238
- 제2장 마무리용 주관식 단답문제 ... 262

2급 소방안전관리자 기출예상문제집

제1과목

PART 01
소방관계법령

PART 01
CHAPTER 01 소방기본법

01 다음 중 소방기본법의 목적으로 볼 수 없는 것은?
① 화재예방·경계 및 진압
② 화재, 재난·재해 등 위급한 상황에서의 구조·구급
③ 화재로부터 공공의 안전을 확보
④ 공공의 안녕 및 질서 유지와 복리증진에 이바지함

해설 ▶ 소방기본법의 목적(법 제1조)
이 법은 화재를 예방·경계하거나 진압하고 화재, 재난·재해, 그 밖의 위급한 상황에서의 구조·구급 활동 등을 통하여 국민의 생명·신체 및 재산을 보호함으로써 공공의 안녕 및 질서 유지와 복리증진에 이바지함을 목적으로 한다.

02 다음 중 소방기본법상 소방대상물에 포함되지 않는 것은?
① 건축물
② 운행 중인 차량
③ 선박건조구조물
④ 운항 중인 선박

해설 항구 안에 매어 둔 선박은 소방기본법상 소방대상물에 포함되나 운항 중인 선박은 해당되지 않는다.

정답 01.③ 02.④

▶ 교재 p.15

03 다음 중 한국소방안전원의 업무가 아닌 것은?
① 소방산업의 발전 및 소방기술의 향상을 위한 지원
② 화재예방과 안전관리의식 고취를 위한 대국민 홍보
③ 소방기술과 안전관리에 관한 각종 간행물 발간
④ 소방기술과 안전관리에 관한 교육 및 조사·연구

해설 ▶ 안전원의 업무(법 제41조)
안전원은 다음 각 호의 업무를 수행한다.
㉠ 소방기술과 안전관리에 관한 **교육 및 조사·연구**
㉡ 소방기술과 안전관리에 관한 각종 **간행물 발간**
㉢ 화재 예방과 안전관리의식 고취를 위한 **대국민 홍보**
㉣ 소방업무에 관하여 행정기관이 **위탁**하는 **업무**
㉤ 소방안전에 관한 **국제협력**
㉥ 그 밖에 회원에 대한 기술지원 등 정관으로 정하는 사항

▶ 교재 p.15

04 한국소방안전원에 대한 설명으로 틀린 것은?
① 교육·훈련 등 행정기관이 위탁하는 업무를 수행한다.
② 소방 관계 종사자의 기술 향상을 위해 설립했다.
③ 위험물안전관리자로 선임된 사람으로서 회원이 되려는 사람은 회원자격이 있다.
④ 임원은 행정안전부장관이 임명한다.

해설 한국소방안전원에 임원으로 원장 1명을 포함한 9명 이내의 이사와 1명의 감사를 두고, 원장과 감사는 소방청장이 임명한다(법 제44조의2). 「소방기본법」에 이사에 대한 임명규정은 없다.

▶ 교재 p.15

05 한국소방안전원에 대한 설명으로 옳지 않은 것은?
① 소방기술과 안전관리기술의 향상을 위해 설립되었다.
② 소방기술과 안전관리에 관한 조사 업무를 수행한다.
③ 소방안전관리자로 선임된 사람으로서 회원이 되려는 사람은 회원의 자격에 해당된다.
④ 방염처리 물품의 성능검사 실시기관이다.

해설 방염처리 물품에 대한 성능검사 실시 기관은 선처리물품의 경우 한국소방산업기술원, 현장처리물품의 경우 시·도지사(관할소방서장)가 실시기관이다.

정답 03.① 04.④ 05.④

PART 01 소방관계법령

▶ 교재 p.14~15

06 상ⓒ하

소방기본법령과 관련된 상항으로 옳은 것은?

① 소방대상물의 관계인은 소유자·점유자 및 시공자이다.
② 건축물, 차량, 항해 중인 선박, 산림은 소방대상물이다.
③ 한국소방안전원은 소방기술과 안전관리에 관한 교육 및 조사·연구 업무를 수행한다.
④ 한국소방안전원은 소방점검·위험물탱크시설 등 성능검사기관이다.

해설 ① 소방대상물의 관계인은 소유자·점유자 및 **관리인**이다.
② **항구에 매어둔 선박**이 소방대상물이고, 항해 중인 선박은 소방대상물이 아니다.
④ 소방점검·위험물탱크시설 등 성능검사기관은 **한국소방산업기술원**이다.

▶ 교재 p.14~15

07 상ⓒ하

다음 중 소방기본법의 내용으로 옳은 것은?

① 소방대상물은 건축물, 차량, 선박(항구에서 벗어나 항해 중인 선박), 산림 그 밖의 인공구조물 또는 물건을 말한다.
② 관계인은 소방대상물의 소유자·관리자 또는 시공자를 말한다.
③ 한국소방안전원은 소방시설, 위험물 탱크시설 등의 성능검사기관이다.
④ 한국소방안전원은 교육훈련 등 행정기관이 위탁한 업무를 수행한다.

해설 ④ 한국소방안전원은 소방업무에 관하여 행정기관이 위탁하는 업무를 수행한다.

① 소방대상물은 건축물, 차량, 선박(항구에서 벗어나 항해 중인 선박), 산림 그 밖의 인공구조물 또는 물건을 말한다. × → 항구에 매어 둔 선박
② 관계인은 소방대상물의 소유자·관리자 또는 시공자를 말한다. × → 점유자
③ 한국소방안전원은 소방시설, 위험물 탱크시설 등의 성능검사기관이다. × → 성능검사 기관이 아니다.

정답 06. ③ 07. ④

08. 소방기본법상 벌칙 중 5년 이하 징역 또는 5천만원 벌금에 해당하지 않는 것은?

① 소방활동 종사명령에 따른 사람을 구하는 일을 방해한 사람
② 소방자동차의 출동을 방해한 사람
③ 정당한 사유 없이 소방대의 생활안전활동을 방해한 사람
④ 소방활동 종사명령에 따른 불 끄는 일을 방해한 사람

해설 정당한 사유 없이 소방대의 생활안전활동을 방해한 사람은 100만원 이하의 벌금에 처한다.

▶ **벌칙(법 제50조)**
다음 각 호의 어느 하나에 해당하는 사람은 5년 이하의 징역 또는 5천만원 이하의 벌금에 처한다.

1. 제16조 제2항을 위반하여 다음 각 목의 어느 하나에 해당하는 행위를 한 사람

> 가. 위력(威力)을 사용하여 출동한 소방대의 화재진압·인명구조 또는 구급활동을 방해하는 행위
> 나. 소방대가 화재진압·인명구조 또는 구급활동을 위하여 현장에 출동하거나 현장에 출입하는 것을 고의로 방해하는 행위
> 다. 출동한 소방대원에게 폭행 또는 협박을 행사하여 화재진압·인명구조 또는 구급활동을 방해하는 행위
> 라. 출동한 소방대의 소방장비를 파손하거나 그 효용을 해하여 화재진압·인명구조 또는 구급활동을 방해하는 행위

2. 제21조 제1항을 위반하여 소방자동차의 출동을 방해한 사람
3. 제24조 제1항에 따른 사람을 구출하는 일 또는 불을 끄거나 불이 번지지 아니하도록 하는 일을 방해한 사람
4. 제28조를 위반하여 정당한 사유 없이 소방용수시설 또는 비상소화장치를 사용하거나 소방용수시설 또는 비상소화장치의 효용을 해치거나 그 정당한 사용을 방해한 사람

정답 08. ③

09. 소방기본법상 벌칙이 가장 무거운 것은?

① 정당한 사유 없이 소방대의 생활안전활동을 방해한 자
② 피난명령을 위반한 자
③ 관계인의 소방활동을 위반하여 정당한 사유 없이 소방대가 현장에 도착할 때까지 사람을 구출하는 조치를 하지 아니한 사람
④ 소방활동 종사명령에 따른 불을 끄거나 불이 번지지 아니하도록 하는 일을 방해한 사람

해설 ①②③은 모두 100만원 이하의 벌금에 처한다.
④는 5년 이하의 징역 또는 5천만원 이하의 벌금에 처한다.

10. 화재가 발생하거나 불이 번질 우려가 있는 소방대상물 또는 토지의 강제처분을 방해한 자에 대한 처벌로 맞는 것은?

① 5년 이하의 징역 또는 5천만원 이하의 벌금
② 3년 이하의 징역 또는 3천만원 이하의 벌금
③ 300만원 이하의 벌금
④ 100만원 이하의 벌금

해설 화재가 발생하거나 불이 번질 우려가 있는 소방대상물 또는 토지의 강제처분을 방해한 자는 3년 이하의 징역 또는 3천만원 이하의 벌금에 처한다.

11. 다음 중 소방기본법상 100만원 이하의 벌금에 처할 사유가 아닌 것은?

① 정당한 사유 없이 소방대가 현장에 도착할 때까지 사람을 구출하는 조치를 하지 아니한 경우
② 피난명령을 위반한 경우
③ 정당한 사유 없이 물의 사용을 방해한 경우
④ 소방활동구역을 출입한 경우

해설 소방활동구역을 출입한 경우 200만원 이하의 과태료에 처할 사유이다.

정답 09.④ 10.② 11.④

▶ 교재 p.17

12 상중하
정당한 사유 없이 소방대의 생활안전활동을 방해한 자에 대한 처벌로 맞는 것은?

① 100만원 이하의 과태료
② 100만원 이하의 벌금
③ 200만원 이하의 과태료
④ 300만원 이하의 벌금

해설 정당한 사유 없이 소방대의 생활안전활동을 방해한 자에 대해서는 100만원 이하의 벌금에 처한다.

▶ 100만원 이하의 벌금에 처할 사유

> ㉠ 정당한 사유 없이 소방대의 생활안전활동을 방해한 자
> ㉡ 정당한 사유 없이 소방대가 현장에 도착할 때까지 사람을 구출하는 조치 또는 불을 끄거나 불이 번지지 아니하도록 하는 조치를 하지 아니한 소방대상물 관계인
> ㉢ 피난명령을 위반한 사람
> ㉣ 정당한 사유 없이 물의 사용이나 수도의 개폐장치의 사용 또는 조작을 하지 못하게 하거나 방해한 자
> ㉤ 「소방기본법」 제27조 제2항에 따른 긴급조치를 정당한 사유 없이 방해한 자

▶ 교재 p.17

13 상중하
소방기본법령에 따른 벌칙사항 중 100만원 이하의 벌금사항에 해당하지 않는 것은?

① 피난명령을 위반한 자
② 정당한 사유 없이 소방용수시설을 사용하거나 소방용수시설의 효용을 해치거나 그 정당한 사용을 방해한 사람
③ 정당한 사유 없이 소방대의 생활안전활동을 방해한 자
④ 정당한 사유 없이 소방대가 현장에 도착할 때까지 사람을 구출하는 조치 또는 불을 끄거나 불이 번지지 아니하도록 하는 조치를 하지 아니한 소방대상물 관계인

해설 정당한 사유 없이 소방용수시설을 사용하거나 소방용수시설의 효용을 해치거나 그 정당한 사용을 방해한 사람은 5년 이하의 징역 또는 5천만원 이하의 벌금에 처한다.

정답 12.② 13.②

14. 다음 중 소방기본법상 200만원 이하의 과태료에 처할 사유가 아닌 것은?

① 소방활동구역을 출입한 경우
② 시장지역에서 화재로 오인할 만한 우려가 있는 불을 피우고자 하는 자가 신고를 하지 아니하여 소방자동차를 출동하게 한 경우
③ 소방자동차의 출동에 지장을 준 경우
④ 한국소방안전원 또는 이와 유사한 명칭을 사용한 경우

해설 시장지역에서 화재로 오인할 만한 우려가 있는 불을 피우거나 연막소독을 실시하려고 하는 자가 신고를 하지 아니하여 소방자동차를 출동하게 한 경우에는 20만원 이하의 과태료에 처한다.

▶ 200만원 이하의 과태료에 처할 사유

㉠ 소방자동차의 출동에 지장을 준 자
㉡ 소방활동구역을 출입한 사람
㉢ 한국소방안전원 또는 이와 유사한 명칭을 사용한 자

15. 다음 중 소방기본법상 일정한 장소나 지역에서 화재로 오인할 만한 우려가 있는 불을 피우거나 연막소독을 실시하고자 하는 자가 신고를 하지 아니하여 소방자동차를 출동하게 한 경우 20만원 이하의 과태료에 처하게 되는 데 그 장소나 지역이 아닌 것은?

① 시장지역
② 공장·창고 밀집지역
③ 노후·불량건축물 밀집지역
④ 위험물의 저장 및 처리시설 밀집지역

해설 아래의 지역 또는 장소에서 화재로 오인할 만한 우려가 있는 불을 피우거나 연막소독을 실시하고자 하는 자가 신고를 하지 아니하여 소방자동차를 출동하게 한 자
㉠ 시장지역
㉡ 공장·창고 밀집지역
㉢ 목조건물 밀집지역
㉣ 위험물의 저장 및 처리시설 밀집지역
㉤ 석유화학 제품을 생산하는 공장지역
㉥ 그 밖에 시·도 조례로 정하는 지역 또는 장소

③ 노후·건축건물 밀집지역은 화재예방강화지구에 해당한다.
plus ㉠ 「산업입지 및 개발에 관한 법률」 제2조 제8호에 따른 산업단지
㉡ 소방시설·소방용수시설 또는 소방출동로가 없는 지역

정답 14.② 15.③

▶ 교재 p.16~18

16 「소방기본법」상 벌칙으로 옳은 것은?

① 정당한 사유 없이 소방대의 생활안전활동을 방해한 자에게는 300만원 이하의 벌금에 처한다.
② 정당한 사유 없이 소방용수시설의 효용을 해친 자에게는 5년 이하의 징역 또는 5천만원 이하의 벌금에 처한다.
③ 소방자동차의 출동에 지장을 준 자에게 100만원 이하의 벌금에 처한다.
④ 불이 번질 우려가 있는 소방대상물에 대한 강제처분을 방해한 자에게는 1년 이하의 징역 또는 1천만원 이하의 벌금에 처한다.

해설
① 정당한 사유 없이 소방대의 생활안전활동을 방해한 자에게는 100만원 이하의 벌금에 처한다.
③ 소방자동차의 출동에 지장을 준 자에게 200만원 이하의 과태료에 처한다.
④ 불이 번질 우려가 있는 소방대상물에 대한 강제처분을 방해한 자에게는 3년 이하의 징역 또는 3천만원 이하의 벌금에 처한다.

▶ 교재 p.17

17 다음 중 벌칙의 종류가 다른 것은?

① 소방공무원이 관계인의 정당한 업무를 방해한 경우
② 구조·구급이 필요한 상황을 거짓으로 알린 경우
③ 불이 번지지 아니하도록 하는 일을 방해한 경우
④ 불이 번질 우려가 있는 소방대상물의 강제처분을 방해한 경우

해설 ①, ③, ④는 모두 벌금에 처할 경우이고, ② 500만원 이하의 과태료에 처할 경우이다.

▶ 교재 p.16~18

18 다음 중 소방기본법상 가장 무거운 벌칙에 해당하는 것은?

① 정당한 사유 없이 소방대의 생활안전활동을 방해한 자
② 피난명령을 위반한 자
③ 소방활동구역을 출입한 자
④ 소방대가 현장에 출입하는 것을 고의로 방해하는 자

해설 ④는 5년 이하의 징역 또는 5천만원 이하의 벌금에 처할 사유이다.
①, ②는 100만원 이하의 벌금에 처할 사유이다.
③은 200만원 이하의 과태료에 처할 사유이다.

정답 16.② 17.② 18.④

PART 01 소방관계법령

▶ 교재 p.16~18

19 다음 중 벌칙으로 맞는 것은? (상·중·하)

① 정당한 사유 없이 물의 사용을 못하게 하거나 방해한 자에게 200만원 이하의 과태료를 부과한다.
② 피난명령을 위반한 사람은 100만원 이하의 벌금에 처한다.
③ 소방자동차의 출동을 방해한 사람은 3년 이하의 징역 또는 3천만원 이하의 벌금에 처한다.
④ 정당한 사유 없이 소방대의 생활안전활동을 방해한 사람은 100만원 이하의 과태료를 부과한다.

[해설]
① 정당한 사유 없이 물의 사용을 못하게 하거나 방해한 자에게 100만원 이하의 벌금에 처한다.
③ 소방자동차의 출동을 방해한 사람은 5년 이하의 징역 또는 5천만원 이하의 벌금에 처한다.
④ 정당한 사유 없이 소방대의 생활안전활동을 방해한 사람은 100만원 이하의 벌금에 처한다.

▶ 교재 p.17

20 다음 중 소방기본법상 100만원 이하의 벌금에 처할 사람은? (상·중·하)

① 사람을 구출하는 일을 방해한 사람
② 화재 또는 구조·구급이 필요한 상황을 거짓으로 알린 사람
③ 소방자동차의 출동에 지장을 준 사람
④ 정당한 사유 없이 소방대의 생활안전활동을 방해한 사람

[해설]
① 사람을 구출하는 일을 방해한 사람은 5년 이하의 징역 또는 5천만원 이하의 벌금에 처한다.
② 화재 또는 구조·구급이 필요한 상황을 거짓으로 알린 사람은 500만원 이하의 과태료를 부과한다.
③ 소방자동차의 출동에 지장을 준 사람은 200만원 이하의 과태료를 부과한다.

▶ 교재 p.16

21 소방기본법상 5년 이하의 징역 또는 5천만원 이하의 벌금에 처할 사유가 아닌 것은? (상·중·하)

① 화재 또는 구조·구급이 필요한 상황을 거짓으로 알린 사람
② 위력을 사용하여 출동한 소방대의 구급활동을 방해한 사람
③ 소방대가 인명구조를 위하여 현장에 출동하는 것을 고의로 방해한 사람
④ 정당한 사유 없이 비상소화장치의 효용을 해친 사람

[해설] 화재 또는 구조·구급이 필요한 상황을 거짓으로 알린 사람에게는 500만원 이하의 과태료를 부과한다.

정답 19.② 20.④ 21.①

▶ 교재 p.16~17

22 소방기본법령에 따른 벌칙사항으로 옳은 것은?

① 정당한 사유 없이 소방용수시설을 사용한 자는 300만원 이하의 벌금에 처한다.
② 피난명령을 위반한 자는 200만원 이하의 벌금에 처한다.
③ 정당한 사유 없이 소방대의 생활안전활동을 방해한 자는 100만원 이하의 벌금에 처한다.
④ 소방자동차의 출동을 방해한 자는 3년 이하의 징역 또는 3천만원 이하의 벌금에 처한다.

해설
① 정당한 사유 없이 소방용수시설을 사용한 자는 5년 이하의 징역 또는 5천만원 이하의 벌금에 처한다.
② 피난명령을 위반한 자는 100만원 이하의 벌금에 처한다.
④ 소방자동차의 출동을 방해한 자는 5년 이하의 징역 또는 5천만원 이하의 벌금에 처한다.

▶ 교재 p.16~17

23 다음은 소방관계법령을 위반한 사람들이다. 이 중 가장 높은 벌금에 해당되는 사람은?

① 갑 : 저는 화재 또는 구조·구급이 필요한 상황을 거짓으로 알렸습니다.
② 을 : 저는 피난하라는 피난명령을 위반하였습니다.
③ 병 : 저는 정당한 사유없이 소방용수시설을 사용했습니다.
④ 정 : 저는 정당한 사유없이 소방대의 생활안전활동을 방해하였습니다.

해설
③ 정당한 사유없이 소방용수시설을 사용하면 5천만원 이하의 벌금에 해당한다.
① 화재 또는 구조·구급이 필요한 상황을 거짓으로 알린 경우 **500만원 이하의 과태료**에 해당한다.
② 피난명령을 위반한 경우 **100만원 이하의 벌금**에 해당한다.
④ 정당한 사유없이 소방대의 생활안전활동을 방해한 경우 **100만원 이하의 벌금**에 해당한다.

▶ 교재 p.17~18

24 다음 소방법령상 과태료의 내용으로 옳지 않은 것은?

①	소방활동구역을 출입한 사람	100만원 이하의 과태료
②	소방자동차 전용구역에 주차한 자	100만원 이하의 과태료
③	화재 또는 구조·구급이 필요한 상황을 거짓으로 알린 사람	500만원 이하의 과태료
④	소방자동차의 출동에 지장을 자	200만원 이하의 과태료

해설 소방활동구역을 출입한 사람은 200만원 이하의 과태료에 해당한다.

정답 22.③ 23.③ 24.①

25 위반행위에 따른 법률상 과태료 부과기준이 잘못 짝지어진 것은?

	위반행위	과태료
①	화재 또는 구조·구급이 필요한 상황을 거짓으로 알렸다.	500만원 이하
②	소방자동차의 출동에 지장을 주었다.	200만원 이하
③	허가 없이 소방활동구역에 출입하였다.	100만원 이하
④	소방자동차 전용구역에 주차하였다.	100만원 이하

해설 허가 없이 소방활동구역을 출입한 사람은 200만원 이하의 과태료에 해당한다.

26 다음 〈보기〉에서 200만원 이하의 과태료에 처할 사유로 맞는 것은 모두 몇 개인가?

|보기|
㉠ 피난명령을 위반한 경우
㉡ 불이 번질 우려가 있는 토지의 강제처분을 방해한 경우
㉢ 정당한 사유 없이 소방대의 생활안전활동을 방해한 경우
㉣ 소방활동구역을 출입한 경우
㉤ 목조건물이 밀집한 지역에서 연막소독을 실시하려고 하는 자가 신고를 하지 아니하여 소방자동차를 출동하게 한 경우

① 1개　　② 2개
③ 3개　　④ 4개

해설 200만원 이하의 과태료에 처할 사유는 ㉣ 1개이다.
㉠ 피난명령을 위반한 경우 → 100만원 이하의 벌금
㉡ 불이 번질 우려가 있는 토지의 강제처분을 방해한 경우 → 3년 이하의 징역 또는 3천만원 이하의 벌금
㉢ 정당한 사유 없이 소방대의 생활안전활동을 방해한 경우 → 100만원 이하의 벌금
㉤ 목조건물이 밀집한 지역에서 연막소독을 실시하려고 하는 자가 신고를 하지 아니하여 소방자동차를 출동하게 한 경우 → 20만원 이하의 과태료

정답 25.③　26.①

▶ 교재 p.16~18

27 상중하

다음 〈보기〉에서 100만원 이하의 벌금에 처할 사유로 맞는 것은 모두 몇 개인가?

―보기―
㉠ 석유화학제품을 생산하는 공장이 있는 지역에서 화재로 오인할 만한 우려가 있는 불을 피우고자 하는 자가 신고를 하지 아니하여 소방자동차를 출동하게 한 경우
㉡ 「소방기본법」 제27조 제2항에 따른 긴급조치를 정당한 사유 없이 방해한 경우
㉢ 출동한 소방대원에게 폭행을 행사하여 화재진압 활동을 방해한 경우
㉣ 소방자동차의 출동에 지장을 준 경우
㉤ 소방자동차 전용구역에 주차한 경우
㉥ 정당한 사유 없이 수도의 개폐장치의 사용 또는 조작을 하지 못하게 하거나 방해한 경우

① 5개   ② 4개   ③ 3개   ④ 2개

해설   100만원 이하의 벌금에 처할 사유는 ㉡, ㉥ 2개이다.

㉠ 석유화학제품을 생산하는 공장이 있는 지역에서 화재로 오인할 만한 우려가 있는 불을 피우고자 하는 자가 신고를 하지 아니하여 소방자동차를 출동하게 한 경우 → 20만원 이하의 과태료
㉢ 출동한 소방대원에게 폭행을 행사하여 화재진압 활동을 방해한 경우 → 5년 이하의 징역 또는 5천만원 이하의 벌금
㉣ 소방자동차의 출동에 지장을 준 경우 → 200만원 이하의 과태료
㉤ 소방자동차 전용구역에 주차한 경우 → 100만원 이하의 과태료

▶ 교재 p.16~18

28 상중하

다음 〈보기〉에서 5년 이하의 징역 또는 5천만원 이하의 벌금에 처할 사유로 맞는 것은 모두 몇 개인가?

―보기―
㉠ 위력을 사용하여 출동한 소방대의 인명구조 활동을 방해하는 경우
㉡ 불이 번질 우려가 있는 소방대상물의 강제처분을 방해한 경우
㉢ 화재 또는 구조·구급이 필요한 상황을 거짓으로 알린 경우
㉣ 공장·창고가 밀집한 지역에서 연막소독을 실시하고자 하는 자가 신고를 하지 아니하여 소방자동차를 출동하게 한 경우
㉤ 비상소화장치의 효용을 해친 경우
㉥ 소방대상물의 관계인이 불이 번지지 아니하도록 하는 조치를 하지 아니한 경우
㉦ 사람을 구출하는 일을 방해한 경우

① 5개   ② 4개   ③ 3개   ④ 2개

해설   5년 이하의 징역 또는 5천만원 이하의 벌금에 처할 사유는 ㉠, ㉤, ㉦ 3개이다.

㉡ 불이 번질 우려가 있는 소방대상물의 강제처분을 방해한 경우 → 3년 이하의 징역 또는 3천만원 이하의 벌금
㉢ 화재 또는 구조·구급이 필요한 상황을 거짓으로 알린 경우 → 500만원 이하의 과태료
㉣ 공장·창고가 밀집한 지역에서 연막소독을 실시하고자 하는 자가 신고를 하지 아니하여 소방자동차를 출동하게 한 경우 → 20만원 이하의 과태료
㉥ 소방대상물의 관계인이 불이 번지지 아니하도록 하는 조치를 하지 아니한 경우 → 100만원 이하의 벌금

정답   27. ④   28. ③

O× 문제

01
항해 중인 선박은 소방대상물에 포함되지 않는다. ○×

○

02
소방대상물의 소유자·관리자·시공자를 관계인이라 한다. ○×

× 소방대상물의 소유자·관리자·점유자를 관계인이라 한다.

03
소방대는 화재를 진압하기 위해 소방공무원, 의무소방원, 의용소방대원, 자치소방대로 구성된 조직체이다. ○×

× 소방대는 화재를 진압하기 위해 소방공무원, 의무소방원, 의용소방대원으로 구성된 조직체이다.

04
한국소방안전원은 법인격 없는 사단으로 한다. ○×

× 한국소방안전원은 법인으로 한다.

05
소방차의 출동을 방해한 사람은 3년 이하의 징역 또는 3천만원 이하의 벌금에 처한다. ○×

× 소방차의 출동을 방해한 사람은 5년 이하의 징역 또는 5천만원 이하의 벌금에 처한다.

06
정당한 사유 없이 물의 사용이나 수도의 개폐장치의 사용 또는 조작을 하지 못하게 하거나 방해한 자는 200만원 이하의 벌금에 처한다. ○×

× 정당한 사유 없이 물의 사용이나 수도의 개폐장치의 사용 또는 조작을 하지 못하게 하거나 방해한 자는 100만원 이하의 벌금에 처한다.

07
피난명령을 위반한 사람은 100만원 이하의 벌금에 처한다. ○×

○

08
목조건물 밀집지역에서 화재로 오인할 만한 우려가 있는 불을 피우고자 하는 자가 신고를 하지 아니하여 소방자동차를 출동하게 한 경우에는 200만원 이하의 과태료에 처한다. ○×

× 목조건물 밀집지역에서 화재로 오인할 만한 우려가 있는 불을 피우고자 하는 자가 신고를 하지 아니하여 소방자동차를 출동하게 한 경우에는 20만원 이하의 과태료에 처한다.

CHAPTER 02 화재의 예방 및 안전관리에 관한 법률

PART 01

▶ 교재 p.19~21

01 상중하
화재안전조사에 대한 설명으로 틀린 것은?
① 시·도지사가 실시한다.
② 자체점검이 불성실하다고 인정되는 경우 실시한다.
③ 관계인에게 필요한 보고를 하도록 하거나 자료의 제출을 요구하는 방식으로 한다.
④ 소방대상물의 개수·이전·제거, 사용 금지 또는 제한을 명할 수 있다.

해설 소방관서장이 실시한다.

▶ 교재 p.20

02 상중하
다음 중 화재안전조사를 실시할 수 있는 경우가 아닌 것은?
① 자체점검이 불성실하거나 불완전하다고 인정되는 경우
② 화재예방강화지구 등 법령에서 화재안전조사를 하도록 규정되어 있는 경우
③ 국가적 행사 등 주요 행사가 개최되는 장소 및 그 주변의 관계 지역에 대하여 소방안전관리 실태를 점검할 필요가 있는 경우
④ 화재가 발생할 우려가 있는 곳에 대한 점검이 필요한 경우

해설 ▶ 화재안전조사를 실시하는 경우
㉠ **자체점검**이 불성실하거나 불완전하다고 인정되는 경우
㉡ 화재예방강화지구 등 법령에서 화재안전조사를 하도록 규정되어 있는 경우
㉢ 화재예방안전진단이 불성실하거나 불완전하다고 인정되는 경우
㉣ **국가적** 행사 등 주요 행사가 개최되는 장소 및 그 주변의 관계 지역에 대하여 소방안전관리 실태를 점검할 필요가 있는 경우
㉤ 화재가 자주 발생하였거나 발생할 우려가 **뚜렷한** 곳에 대한 점검이 필요한 경우
㉥ 재난예측정보, 기상예보 등을 분석한 결과 소방대상물에 화재 발생 위험이 크다고 판단되는 경우
㉦ ㉠부터 ㉥까지에서 규정한 경우 외에 화재, 그 밖의 긴급한 상황이 발생할 경우 인명 또는 재산 피해의 우려가 **현저하다고** 판단되는 경우

> 심화문제 다음 중 화재안전조사를 실시해야 하는 경우가 아닌 것은?
> ① 긴급한 상황이 발생할 경우 인명 또는 재산 피해의 우려가 있다고 판단되는 경우
> ② 화재가 자주 발생하였던 곳에 대한 점검이 필요한 경우
> ③ 법령에서 화재안전조사를 하도록 규정되어 있는 경우
> ④ 자체점검이 불성실하다고 인정되는 경우
> 답 ①

정답 01.① 02.④

PART 01 소방관계법령

▶ 교재 p.20~21

03 다음 중 화재안전조사 항목에 해당하지 않는 것은?

① 소방안전관리 업무 수행에 관한 사항
② 소방계획서의 작성·비치에 관한 사항
③ 방염에 관한 사항
④ 화재의 예방조치 등에 관한 사항

해설 ▶ 화재안전조사 항목
㉠ 화재의 예방조치 등에 관한 사항
㉡ 소방안전관리 업무 수행 등에 관한 사항
㉢ 피난계획의 수립 및 시행에 관한 사항
㉣ 소화·통보·피난 등의 훈련 및 소방안전관리에 필요한 교육에 관한 사항
㉤ 소방자동차 전용구역의 설치에 관한 사항
㉥ 소방시설공사업법에 따른 시공, 감리 및 감리원의 배치에 관한 사항
㉦ 소방시설의 설치 및 관리에 관한 사항
㉧ 건설현장 임시소방시설의 설치 및 관리에 관한 사항
㉨ 피난시설, 방화구획 및 방화시설의 관리에 관한 사항
㉩ 방염에 관한 사항
㉪ 소방시설등의 자체점검에 관한 사항
㉫ 「다중이용업소의 안전관리에 관한 특별법」, 「위험물안전관리법」 및 「초고층 및 지하연계 복합건축물 재난관리에 관한 특별법」의 안전관리에 관한 사항
㉬ 그 밖에 소방대상물에 화재의 발생 위험이 있는지 등을 확인하기 위해 소방관서장이 화재안전조사가 필요하다고 인정하는 사항

▶ 교재 p.20~21

04 화재안전조사에 대한 설명으로 옳지 않은 것은?

① 자체점검이 불성실하다고 인정되는 경우 실시할 수 있다.
② 소방안전관리 업무 수행에 관한 사항을 조사할 수 있다.
③ 시·도지사는 조사대상, 조사기간 및 조사사유 등 조사계획을 소방관서의 인터넷 홈페이지나 전산시스템을 통해 7일 이상 공개해야 한다.
④ 사전 통지 없이 화재안전조사를 실시하는 경우에는 화재안전조사를 실시하기 전에 관계인에게 조사사유 및 조사범위 등을 현장에서 설명해야 한다.

해설 **소방관서장**은 조사대상, 조사기간 및 조사사유 등 조사계획을 소방관서의 인터넷 홈페이지나 전산시스템을 통해 7일 이상 공개해야 한다.

정답 03.② 04.③

▶ 교재 p.19~21

05 화재안전조사에 대한 설명으로 옳지 않은 것은?

① 화재안전조사 실시권자는 소방청장, 소방본부장, 소방서장이다.
② 국가적 행사 등 주요행사가 개최될 장소에는 화재안전조사를 실시할 수 없다.
③ 화재안전조사 항목에는 소방안전관리 업무수행에 관한 사항이 포함된다.
④ 화재안전조사 실시권자는 사전 통지 없이 화재안전조사를 실시할 수 있다.

[해설] 국가적 행사 등 주요행사가 개최될 장소 및 그 주변의 관계 지역에 대하여 소방안전관리 실태를 점검할 필요가 있는 경우에는 화재안전조사를 실시할 수 있다.

▶ 교재 p.22

06 화재예방강화지구에 대한 설명으로 옳지 않은 것은?

① 위험물의 저장 및 처리 시설이 밀집한 지역을 화재예방강화지구로 지정할 수 있다.
② 소방관서장은 화재발생 우려가 크거나 화재가 발생할 경우 피해가 클 것으로 예상되는 지역에 대하여 화재예방강화지구로 지정할 수 있다.
③ 소방관서장은 화재 발생의 위험이 큰 경우 목재, 플라스틱 등 가연성이 큰 물건의 제거, 이격, 적재 금지 등을 명령할 수 있다.
④ 누구든지 화재예방강화지구에서는 모닥불, 흡연 등 화기를 취급하는 행위를 하여서는 아니된다.

[해설] 시·도지사가 화재발생 우려가 크거나 화재가 발생할 경우 피해가 클 것으로 예상되는 지역에 대하여 화재의 예방 및 안전관리를 강화하기 위해 지정·관리하는 지역이 화재예방강화지구이다.

▶ 교재 p.23

07 특정소방대상물의 소방안전관리에 대한 내용으로 옳지 않은 것은?

① 소방안전관리대상물의 관계인은 소방안전관리업무를 수행하기 위하여 소방안전관리자 자격증을 발급받은 사람을 소방안전관리자로 선임해야 한다.
② 다른 법령에 따라 전기 등의 안전관리자는 특급, 1급 및 2급 소방안전관리대상물의 소방안전관리자를 겸할 수 없다.
③ 소방안전관리대상물의 관계인은 소방안전관리업무를 대행하는 관리업자로 하여금 업무를 대행하게 할 수 있다.
④ 관계인이 대행하게 한 경우 감독할 수 있는 사람을 지정하여 소방안전관리자로 선임할 수 있고, 선임된 자는 선임된 날부터 3개월 이내에 강습교육을 받아야 한다.

[해설] 다른 법령에 따라 전기·가스·위험물 등의 안전관리자는 특급 및 1급 소방안전관리대상물의 소방안전관리자를 겸할 수 없다.

정답 05.② 06.② 07.②

PART 01 소방관계법령

▶ 교재 p.23

08 다음 중 특급 소방안전관리대상물에 해당하지 않는 것은?

① 높이 150m인 지상 50층 아파트
② 지하층을 포함하여 40층인 빌딩
③ 연면적 5만m²인 상가건물
④ 높이 200m인 40층 아파트

해설 연면적이 10만m² 이상인 특정소방대상물이 특급 소방안전관리대상물에 해당한다.

▶ 교재 p.23

09 다음 중 특급 소방안전관리대상물에 해당하는 것은?

① 연면적 1만5천 제곱미터 이상인 특정소방대상물
② 가스 제조설비를 갖추고 도시가스사업의 허가를 받아야 하는 시설 또는 가연성 가스를 100톤 이상 1천톤 미만 저장·취급하는 시설
③ 수련시설 및 숙박시설
④ 50층 이상(지하층은 제외한다)이거나 지상으로부터 높이가 200미터 이상인 아파트

해설 ▶ 특급 소방안전관리대상물
  ㉠ 50층 이상(지하층은 제외)이거나 지상으로부터 높이가 200미터 이상인 아파트
  ㉡ 30층 이상(지하층을 포함)이거나 지상으로부터 높이가 120미터 이상인 특정소방대상물(아파트 제외)
  ㉢ 위 ㉡에 해당하지 아니하는 특정소방대상물로서 연면적이 10만제곱미터 이상인 특정소방대상물(아파트 제외)
    ※ 제외 : 동·식물원, 철강 등 불연성 물품을 저장·취급하는 창고, 위험물 저장 및 처리 시설 중 제조소등, 지하구

① 아파트의 경우 층수 산정에서 지하층이 제외되는 것은 **아파트의 주목적은 사람이 거주하는 곳이므로** 사람이 거주할 수 없는 지하층은 층수 산정에서 제외하는 것이다.
② 보통 1층의 높이를 4m로 보므로 ┌ 50층 × 4m = 200m
                                    └ 30층 × 4m = 120m

> **심화문제** 다음 중 특급 소방안전관리대상물에 해당하지 않는 것은?
> ① 지하층을 포함한 30층 이상의 특정소방대상물
> ② 지상으로부터 높이가 120미터 이상인 특정소방대상물
> ③ 연면적이 10만 제곱미터 이상인 특정소방대상물
> ④ 철강 등 불연성 물품을 저장·취급하는 창고
>
> 답 ④

정답 08.③ 09.④

▶ 교재 p.24

10 ㉠㉡㉢
다음 중 1급 소방안전관리대상물에 해당하는 것은?
① 가연성 가스를 100톤 이상 1천톤 미만 저장·취급하는 시설
② 지하구
③ 높이가 120미터 이상인 아파트
④ 보물 또는 국보로 지정된 목조건축물

해설 ▶ 1급 소방안전관리대상물
  ㉠ **30층** 이상(지하층 **제외**)이거나 지상으로부터 높이가 **120미터** 이상인 **아파트**
  ㉡ 연면적 **1만5천제곱미터** 이상인 특정소방대상물(아파트 및 연립주택 제외)
  ㉢ 위 ㉡에 해당하지 아니하는 특정소방대상물로서 지상층의 층수가 **11층** 이상인 특정소방대상물(아파트 제외)
  ㉣ **가연성 가스를 1천톤 이상** 저장·취급하는 시설
    ※ 제외 : 동·식물원, 철강 등 불연성 물품을 저장·취급하는 창고, 위험물 저장 및 처리 시설 중 제조소등, 지하구

  심화문제 다음 중 1급 소방안전관리대상물에 해당하지 않는 것은?
  ① 층수가 11층 이상인 특정소방대상물
  ② 가연성가스를 1천톤 이상 저장·취급하는 시설
  ③ 위험물 저장 및 처리시설 중 위험물제조소등
  ④ 연면적 1만5천 제곱미터 이상인 특정소방대상물
  답 ③

▶ 교재 p.25

11 ㉠㉡㉢
다음 중 2급 소방안전관리대상물에 해당하지 않는 것은?
① 가스 제조설비를 갖추고 도시가스사업의 허가를 받아야 하는 시설
② 호스릴(Hose Reel) 방식의 물분무등소화설비만을 설치한 특정소방대상물
③ 지하구
④ 보물 또는 국보로 지정된 목조건축물

해설 ▶ 2급 소방안전관리대상물
  ㉠ **옥내**소화전설비, **스프링클러**설비, **물분무**등소화설비[호스릴(Hose Reel) 방식의 물분무등소화설비만을 설치할 수 있는 경우 제외]를 설치해야 하는 특정소방대상물
  ㉡ 가스제조설비를 갖추고 도시가스사업허가를 받아야 하는 시설 또는 **가연성 가스를 100톤 이상 1천톤 미만** 저장·취급하는 시설
  ㉢ **지하구**
  ㉣ 「공동주택관리법」 제2조 제1항 제2호의 어느 하나에 해당하는 **공동주택**(옥내소화전설비 또는 스프링클러설비가 설치된 공동주택으로 한정)
  ㉤ 「문화유산의 보존 및 활용에 관한 법률」 제23조에 따라 **보물** 또는 **국보**로 지정된 **목조건축물**

  심화문제 다음 중 2급 소방안전관리대상물에 해당하는 것은?
  ① 스프링클러설비를 설치하는 특정소방대상물
  ② 층수가 11층 이상인 특정소방대상물
  ③ 연면적 1만5천 제곱미터 이상인 특정소방대상물
  ④ 지상으로부터 높이가 120미터 이상인 특정소방대상물
  답 ①

정답 10.③ 11.②

12 다음 〈보기〉에서 특급 소방안전관리대상물에 해당하는 것은 모두 몇 개인가?

―|보기|―
- ㉠ 35층 아파트
- ㉡ 연면적 3만m²인 병원
- ㉢ 가연성 가스 700톤을 저장하는 시설
- ㉣ 높이 150m인 근린생활시설
- ㉤ 지하구
- ㉥ 보물로 지정된 목조건축물
- ㉦ 연면적 10만m²인 수련시설
- ㉧ 25층 아파트

① 6개 ② 4개
③ 3개 ④ 2개

해설 특급 소방안전관리대상물에 해당하는 것은 ㉣, ㉦ 2개이다.
- ㉠ 35층 아파트 → 1급 소방안전관리대상물
- ㉡ 연면적 3만m²인 병원 → 1급 소방안전관리대상물
- ㉢ 가연성 가스 700톤을 저장하는 시설 → 2급 소방안전관리대상물
- ㉤ 지하구 → 2급 소방안전관리대상물
- ㉥ 보물로 지정된 목조건축물 → 2급 소방안전관리대상물
- ㉧ 25층 아파트 → 2급 소방안전관리대상물

13 다음 〈보기〉에서 1급 소방안전관리대상물에 해당하는 것은 모두 몇 개인가?

―|보기|―
- ㉠ 국보로 지정된 목조건축물
- ㉡ 가연성 가스 900톤을 취급하는 시설
- ㉢ 식물원
- ㉣ 지하구
- ㉤ 높이가 150m인 아파트
- ㉥ 철강을 취급하는 창고

① 1개 ② 3개 ③ 5개 ④ 6개

해설 1급 소방안전관리대상물에 해당하는 것은 ㉤ 1개이다.
- ㉠ 국보로 지정된 목조건축물 → 2급 소방안전관리대상물
- ㉡ 가연성 가스 900톤을 취급하는 시설 → 2급 소방안전관리대상물
- ㉢ 식물원 → 1급 소방안전관리대상물 제외 대상
- ㉣ 지하구 → 2급 소방안전관리대상물
- ㉥ 철강을 취급하는 창고 → 1급 소방안전관리대상물 제외 대상

정답 12.④ 13.①

14 다음 〈보기〉에서 2급 소방안전관리대상물에 해당하는 것은 모두 몇 개인가?

|보기|
- ㉠ 호스릴 방식 물분무등소화설비를 설치해야 하는 특정소방대상물
- ㉡ 자동화재탐지설비를 설치해야 하는 특정소방대상물
- ㉢ 가스제조설비를 갖추고 도시가스사업허가를 받아야 하는 시설
- ㉣ 가연성 가스 700톤을 저장하는 시설
- ㉤ 높이가 150m인 오피스텔
- ㉥ 옥내소화전설비를 설치해야 하는 특정소방대상물
- ㉦ 연면적 1만5천m²인 근린생활시설

① 1개 ② 3개
③ 5개 ④ 6개

해설 2급 소방안전관리대상물에 해당하는 것은 ㉢, ㉣, ㉥ 3개이다.
- ㉠ 호스릴 방식 물분무등소화설비를 설치해야 하는 특정소방대상물 → 2급 소방안전관리대상물 제외 대상
- ㉡ 자동화재탐지설비를 설치해야 하는 특정소방대상물 → 3급 소방안전관리대상물
- ㉤ 높이가 150m인 오피스텔 → 특급 소방안전관리대상물
- ㉦ 연면적 1만5천m²인 근린생활시설 → 1급 소방안전관리대상물

15 다음 중 소방안전관리보조자를 두어야 하는 대상물에 해당하지 않는 것은?

① 500세대 이상인 아파트
② 직원들이 24시간 상시근무하는 바닥면적의 합계가 1,000m²인 모텔
③ 연면적 15,000m² 이상인 특정소방대상물
④ 의료시설

해설 ▶ 소방안전관리보조자 대상물
소방안전관리자를 두어야 하는 특정소방대상물 중 다음에 해당하는 것
㉠ 「건축법 시행령」 별표 1 제2호 가목에 따른 **아파트(300세대 이상만 해당)**
㉡ 연면적이 **1만5천제곱미터** 이상인 특정소방대상물(아파트 및 연립주택 제외)
㉢ ㉠, ㉡을 제외한 공동주택 중 **기숙사**, **의료시설**, **노유자시설**, **수련시설** 및 **숙박**시설(숙박시설로 사용되는 바닥면적의 합계가 1천500제곱미터 미만이고 관계인이 24시간 상시 근무하고 있는 숙박시설을 제외)

정답 14.② 15.②

PART 01 소방관계법령

▶ 교재 p.24, p.26

16 (상)(중)(하)
연면적 42,000m²인 업무시설에 선임해야 할 소방안전관리자 및 소방안전관리보조자의 최소인원은?

① 소방안전관리자 1명, 소방안전관리보조자 1명
② 소방안전관리자 2명, 소방안전관리보조자 1명
③ 소방안전관리자 1명, 소방안전관리보조자 2명
④ 소방안전관리자 2명, 소방안전관리보조자 2명

해설 연면적 42,000m²인 업무시설은 1급 소방안전관리대상물로 1급 이상의 자격을 가진 1명의 소방안전관리자를 선임하면 된다. 소방안전관리보조자의 경우 15,000m²에 1명의 소방안전관리보조자를 선임해야 하고, 15,000m²를 초과할 때마다 1명을 추가로 선임해야 하므로 42,000 ÷ 15,000 = 2.8(소수점 이하는 버리고) 따라서 2명의 소방안전관리보조자를 선임해야 한다.

▶ 교재 p.26

17 (상)(중)(하)
890세대의 아파트에 소방안전관리보조자는 최소 몇 명이 선임되어야 하는가?

① 2명
② 3명
③ 4명
④ 5명

해설 아파트 300세대 이상의 경우 소방안전관리보조자를 선임해야 하고 300세대마다 1명의 소방안전관리보조자를 추가로 선임해야 하므로 소방안전관리보조자는 2명을 선임해야 한다.

▶ 교재 p.26

18 (상)(중)(하)
연면적 8만m²인 공장의 경우 소방안전관리보조자를 최소 몇 명 두어야 하는가? (단, 방재실에 자위소방대가 24시간 상시 근무하고 무인방수차를 운용한다)

① 1명
② 2명
③ 3명
④ 4명

해설 아파트를 제외한 연면적 1만5천m²인 특정소방대상물의 경우 최소 1명의 소방안전관리보조자를 두어야 하고, 초과되는 연면적 1만5천m²마다 1명을 추가로 선임해야 하지만, 특정소방대상물의 방재실에 자위소방대가 24시간 상시 근무하고 소방자동차 중 소방펌프차, 소방물탱크차, 소방화학차 또는 무인방수차를 운용하는 경우에는 3만m²마다 1명을 추가로 선임해야 한다. 1명(1만5천m²) + 2명(6만5천m²) = 3명 따라서 최소 3명을 선임해야 한다.

정답 16.③ 17.① 18.③

▶ 소방안전관리보조자 최소 선임기준

대상	기본 선임	추가 선임
㉠ 300세대 아파트	1명	초과 300세대마다 1명
㉡ 연면적 1만5천m² 이상 특정소방대상물	1명	연면적 1만5천m²마다 1명 방재실에 자위소방대 24시간 상시근무 and 소방펌프차, 소방물탱크차, 소방화학차, 무인방수차 운용 3만m²마다 1명 추가 선임
㉢ ㉠, ㉡을 제외한 공동주택(기숙사), 의료시설, 노유자시설, 수련시설 및 숙박시설	1명	

19

다음 소방대상물에 대한 설명으로 옳지 않은 것은? (아래 제시된 조건 외에 나머지는 무시한다)

- 용도 : 업무시설
- 층수 : 지하 2층, 지상 10층
- 연면적 : 14,700m²
- 소방시설 설치현황 : 자동화재탐지설비, 옥내소화전설비, 스프링클러설비

① 특정소방대상물이다.
② 2급 소방안전관리대상물이다.
③ 소방안전관리보조자를 선임하여야 한다.
④ 종합점검 대상이다.

해설
① 동 건물은 건축물 등의 규모·용도 및 수용인원 등을 고려하여 소방시설을 설치하여야 하는 소방대상물인 특정소방대상물에 해당한다.
② 연면적이 15,000m² 이하이고 11층 미만인 소방대상물이므로 2급 소방안전관리대상물에 해당한다.
③ 아파트 및 연립주택을 제외한 연면적 15,000m² 이상인 특정소방대상물이 소방안전관리자를 선임하여야 하는 선임대상물에 해당하므로 14,700m²인 동 건물은 소방안전관리보조자 선임대상물에 해당하지 않는다.
④ 스프링클러설비가 설치된 소방대상물이므로 종합점검 대상이다.

[소방안전관리자 선임자격 및 자격시험 응시자격]

구분	선임자격	자격시험 응시자격
특급	① 소방기술사, 소방시설관리사 ② 소방설비기사 자격 취득 후 5년 이상 1급 실무경력 ③ 소방설비산업기사 자격 취득 후 7년 이상 1급 실무경력 (5년＋2글자＝7년) ④ 소방공무원으로 20년 이상 근무경력 ⑤ 특급 시험 합격자	① 1급 5년(소방설비기사 2년, 소방설비산업기사 3년) 이상 실무경력 ② 1급 선임자격 갖춘 후 특급·1급 보조자로 7년 이상 실무경력 ③ 소방공무원 10년 이상 근무경력 ④ 특급 보조자로 10년 이상 실무경력
1급	① 소방설비기사, 소방설비산업기사 ② 소방공무원으로 7년 이상 근무경력 ③ 1급 시험 합격자	① 5년 이상 2급 이상 실무경력 ② 2급 선임자격 취득 후 특급·1급 보조자로 5년 이상 실무경력 ③ 2급 선임자격 취득 후 2급 보조자로 7년 이상 실무경력 ④ 산업안전(산업)기사 자격 취득 후 2년 이상 2·3급 실무경력
2급	① **위험물**기능장, 위험물산업기사, 위험물기능사 ② 소방공무원으로 3년 이상 근무경력 ③ 2급 시험 합격자	① 소방본부 또는 소방서에서 1년 이상 화재진압 또는 보조 업무 종사경력 ② 의용소방대원 3년 이상 근무경력 ③ 군부대 및 의무소방대 1년 이상 근무경력 ④ 자체소방대 3년 이상 근무경력 ⑤ 경호공무원 또는 별정직공무원 2년 이상 안전검측 업무 근무경력 ⑥ 경찰공무원 3년 이상 근무경력 ⑦ 보조자로 3년 이상 실무경력 ⑧ 3급 안전관리자로 2년 이상 실무경력 ⑨ 건축·산업·기계·전기 등 기사 자격자
3급	① 소방공무원으로 1년 이상 근무경력 ② 3급 시험 합격자	① 의용소방대원 2년 이상 근무경력 ② 자체소방대원 1년 이상 근무경력 ③ 경호공무원 또는 별정직공무원 1년 이상 안전검측 업무 근무경력 ④ 경찰공무원으로 2년 이상 근무경력 ⑤ 보조자로 2년 이상 실무경력

▶ 교재 p.23~24

20 다음 중 특급 소방안전관리자의 선임자격이 없는 자는?

① 소방기술사 또는 소방시설관리사의 자격이 있는 사람
② 소방설비산업기사의 자격을 가지고 7년 이상 1급 소방안전관리대상물의 소방안전관리자로 근무한 실무경력이 있는 사람
③ 소방공무원으로 20년 이상 근무한 경력이 있는 사람
④ 소방설비기사의 자격을 가지고 3년 이상 1급 소방안전관리대상물의 소방안전관리자로 근무한 실무경력이 있는 사람

해설 소방설비기사의 자격을 가지고 5년 이상 1급 소방안전관리대상물의 소방안전관리자로 근무한 실무경력이 있는 사람이다.

▶ **특급 소방안전관리자 선임자격 및 자격시험 응시자격**

선임자격	① 소방기술사, 소방시설관리사 ② 소방설비기사 자격 취득 후 5년 이상 1급 실무경력 ③ 소방설비산업기사 자격 취득 후 7년 이상 1급 실무경력 ④ 소방공무원으로 20년 이상 근무경력 ⑤ 특급 시험 합격자
자격시험 응시자격	① 1급 5년(소방설비기사 2년, 소방설비산업기사 3년) 이상 실무경력 ② 1급 선임자격 갖춘 후 특급·1급 보조자로 7년 이상 실무경력 ③ 소방공무원 10년 이상 근무경력 ④ 특급 보조자로 10년 이상 실무경력

심화문제 다음 중 특급 소방안전관리자의 선임자격이 없는 자는?
① 소방설비기사의 자격을 가지고 5년 이상 1급 소방안전관리대상물의 소방안전관리자로 근무한 실무경력이 있는 사람
② 소방공무원으로 10년 이상 근무한 경력이 있는 사람
③ 소방설비산업기사의 자격을 가지고 7년 이상 1급 소방안전관리대상물의 소방안전관리자로 근무한 실무경력이 있는 사람
④ 소방기술사 또는 소방시설관리사의 자격이 있는 사람

답 ②

▶ 교재 p.24

21 1급 소방안전관리자가 될 수 있는 사람은?

① 소방공무원으로 7년 이상 근무한 경력이 있는 사람
② 산업안전기사의 자격을 취득한 후 2년 이상 2급 또는 3급 소방안전관리대상물의 소방안전관리자로 근무한 실무경력이 있는 사람
③ 전기공사산업기사의 자격을 취득한 후 3년 이상 3급 소방안전관리대상물의 소방안전관리자로 실무경력이 있는 사람
④ 위험물기능장 자격을 가진 사람으로 위험물안전관리자로 선임된 사람

해설 법 개정으로 기존에 산업안전기사 또는 산업안전산업기사, 위험물기능장·위험물산업기사 또는 위험물기능사, 각종 가스 안전관리자, 전기안전관리자로 선임된 사람들에 대한 1급 소방안전관리자 선임자격 부여 규정은 폐지되었다.

정답 20.④ 21.①

PART 01 소방관계법령

▶ 1급 소방안전관리자 선임자격 및 자격시험 응시자격

선임자격	① 소방설비기사, 소방설비산업기사 ② 소방공무원으로 7년 이상 근무경력 ③ 1급 시험 합격자
자격시험 응시자격	① 5년 이상 2급 이상 실무경력 ② 2급 선임자격 취득 후 특급·1급 보조자로 5년 이상 실무경력 ③ 2급 선임자격 취득 후 2급 보조자로 7년 이상 실무경력 ④ 산업안전(산업)기사 자격 취득 후 2년 이상 2·3급 실무경력

▶ 교재 p.25

22. 다음 중 2급 소방안전관리자의 선임자격이 있는 자는?

① 건축사 자격이 있는 사람
② 위험물기능사 자격이 있는 사람
③ 광산보안기사 자격을 가진 사람으로서 광산안전관리자로 선임된 사람
④ 전기공사기사 자격이 있는 사람

해설 법 개정으로 위험물기능장·위험물산업기사 또는 위험물기능사 자격이 있는 사람을 제외하고 건축사·산업안전기사·산업안전산업기사·건축기사·건축산업기사·일반기계기사·전기기능장·전기기사·전기산업기사·전기공사기사 또는 전기공사산업기사, 광산보안기사 또는 광산보안산업기사 자격을 가진 사람에 대한 2급 소방안전관리자 선임자격 부여 규정은 폐지되었다.

▶ 2급 소방안전관리자 선임자격 및 자격시험 응시자격

선임자격	① **위험물기능장, 위험물산업기사, 위험물기능사** ② 소방공무원으로 3년 이상 근무경력 ③ 2급 시험 합격자
자격시험 응시자격	① 소방본부 또는 소방서에서 1년 이상 화재진압 또는 보조 업무 종사경력 ② 의용소방대원 3년 이상 근무경력 ③ 군부대 및 의무소방대 1년 이상 근무경력 ④ 자체소방대 3년 이상 근무경력 ⑤ 경호공무원 또는 별정직공무원 2년 이상 안전검측 업무 근무경력 ⑥ 경찰공무원 3년 이상 근무경력 ⑦ 보조자로 3년 이상 실무경력 ⑧ 3급 안전관리자로 2년 이상 실무경력 ⑨ 건축·산업·기계·전기 등 기사 자격자

정답 22.②

▶ 교재 p.25

23 ⓢⓩⓗ
다음 중 3급 소방안전관리자의 선임자격이 있는 자는?

① 의용소방대원으로 2년 이상 근무한 경력이 있는 사람
② 소방공무원으로 1년 이상 근무한 경력이 있는 사람
③ 자체소방대의 소방대원으로 1년 이상 근무한 경력이 있는 사람
④ 경호공무원으로 1년 이상 안전검측 업무에 종사한 경력이 있는 사람

해설 ①③④는 모두 자격시험 응시자격자일 뿐 선임자격을 갖는 사람이 아니다.
▶ 3급 소방안전관리자 선임자격 및 자격시험 응시자격

선임자격	① 소방공무원으로 1년 이상 근무경력 ② 3급 시험 합격자
자격시험 응시자격	① 의용소방대원 2년 이상 근무경력 ② 자체소방대원 1년 이상 근무경력 ③ 경호공무원 또는 별정직공무원 1년 이상 안전검측 업무 근무경력 ④ 경찰공무원으로 2년 이상 근무경력 ⑤ 보조자로 2년 이상 실무경력

▶ 교재 p.25

24 ⓢⓩⓗ
아래 표는 A건물의 일반현황이다. 이 건물의 소방안전관리자로 선임될 수 없는 자는?

규모/구조	연면적 11,000m²/철근콘크리트조
용도	판매시설
소방시설	자동화재탐지설비, 물분무등소화설비, 스프링클러설비, 소화용수설비, 소화기
건축물현황	지하 4층, 지상 5층

① 1급 소방안전관리자 강습교육을 수료한 자
② 위험물산업기사
③ 의용소방대원으로 3년 근무하고 2급 소방안전관리자 시험에 합격한 자
④ 소방공무원으로 3년 근무한 경력이 있는 자

해설 A건물의 연면적이 11,000m²이므로 2급 소방안전관리대상물이다. 따라서 2급 이상 소방안전관리자의 자격을 가진 사람을 선임해야 하는 데 1급 소방안전관리자 강습교육만을 수료한 자는 아직 시험에 합격하지 않아 1급 소방안전관리자 자격이 없으므로 이 건물의 소방안전관리자로 선임될 수 없다.

정답 23.② 24.①

25

아래 표는 ○○건물의 일반현황이다. 이 건물의 소방안전관리자로 선임될 수 있는 자는?

규모/구조	연면적 16,000m²/철근콘크리트조
용도	근린생활시설
소방시설	자동화재탐지설비, 물분무등소화설비, 스프링클러설비, 소화용수설비, 소화기
건축물현황	지하 4층, 지상 5층

① 소방설비기사
② 소방공무원으로 3년간 근무한 자
③ 특급소방안전관리자 강습교육을 수료한 자
④ 대학에서 소방안전 관련 교과목을 12학점 이상 이수한 자

해설 ○○건물 연면적이 16,000m²이므로 1급 소방안전관리대상물이다.
② 소방공무원으로 7년 이상 근무한 경력이 있는 사람이어야 한다.
③ 강습교육 후 특급이나 1급 소방안전관리자 시험에 합격해야 한다.
④ 대학에서 소방안전 관련 교과목을 12학점 이상 이수하고 졸업한 후 1급 소방안전관리자 시험에 합격해야 한다.

26

A는 아래와 같은 건물을 신축하였다. 이 건물의 소방안전관리자로 선임될 수 있는 사람은?

- 용도 : 업무시설
- 층고 : 지하1층, 지상 10층
- 면적 : 연면적 2,440m²
- 소방시설 : 소화기, 옥내소화전설비, 자동화재탐지설비, 피난시설(완강기)

① 의용소방대원으로 3년 동안 근무한 사람
② 1급 소방안전관리자 강습교육을 수료한 사람
③ 위험물기능사 자격을 가진 사람
④ 소방공무원으로 2년 동안 근무한 사람

해설 A가 신축한 건물은 11층 미만인 건물이고 연면적 15,000m² 미만이므로 2급 소방안전관리대상물이다. ③의 위험물기능사 자격을 가진 사람만이 2급 소방안전관리대상물의 소방안전관리자로 선임될 수 있다.

① 의용소방대원으로 3년 동안 근무한 사람 → 소방청장이 실시하는 2급 소방안전관리대상물의 소방안전관리에 관한 시험에 합격해야 소방안전관리자로 선임될 수 있다.
② 1급 소방안전관리자 강습교육을 수료하기만 해서는 소방안전관리자로 선임될 자격이 없다.
④ 소방공무원으로 2년 동안 근무한 사람 → 3년

정답 25.① 26.③

▶ 교재 p.24

27 다음의 특정소방대상물에 소방안전관리자로 선임될 수 있는 자격조건으로 옳은 것은?

> 가. 용도 : 아파트
> 나. 층수 지상 47층, 지하 4층
> 다. 높이 : 150미터

① 소방공무원으로 5년 이상 근무한 경력으로 소방안전관리자 자격증을 발급받은 사람
② 소방설비산업기사 자격과 1년의 소방시설설계업 경력이 있는 사람이 소방안전관리자 자격증을 발급받은 경우
③ 특급 소방안전관리대상물의 소방안전관리자에 대한 강습교육을 수료한 사람
④ 위험물기능장 자격으로 소방안전관리자 자격증을 발급받은 사람

해설 ② 아파트의 경우 지하층을 제외하고 50층 미만 30층 이상일 경우(높이 200m 미만 120m 이상일 경우) 1급 소방안전관리대상물이므로 소방설비기사 또는 소방설비산업기사 자격이 있는 사람은 이 아파트의 소방안전관리자로 선임될 자격조건에 해당된다.
① 소방공무원으로 **7년** 이상 근무한 경력이 있어야 1급 소방안전관리대상물의 선임자격이 된다.
③ 특급 소방안전관리대상물의 소방안전관리자에 대한 강습교육만을 수료한 사람은 1급 소방안전관리대상물의 선임자격이 없다.
④ 위험물기능장 자격은 2급 소방안전관리대상물의 선임자격이 되고 1급 소방안전관리대상물의 선임자격은 없다.

▶ 교재 p.29~30

28 소방안전관리자의 선임에 관해 틀린 것은?

① 소방안전관리자를 선임하지 않은 경우 300만원 이하의 벌금에 처한다.
② 소방안전관리자를 선임한 경우에는 선임한 날부터 14일 이내에 관할 소방서장에게 신고하여야 한다.
③ 1급, 2급 소방안전관리대상물 선임대상 특정소방대상물의 관계인은 한차례 선임연기가 가능하다.
④ 소방안전관리자를 해임한 경우 30일 이내에 소방안전관리자를 선임해야 한다.

해설 2, 3급 소방안전관리대상물 또는 소방안전관리보조자 선임대상 특정소방대상물의 관계인은 한 차례 선임연기가 가능하다.

정답 27.② 28.③

PART 01 소방관계법령

▶ 교재 p.29~30

29 소방안전관리자의 선임 및 해임에 대한 내용으로 옳은 것은?

① 관계인이 소방안전관리자를 선임하지 아니한 경우 300만원 이하의 벌금에 처한다.
② 특정소방대상물의 관계인은 소방안전관리자를 해임한 경우 14일 이내에 소방안전관리자를 선임해야 한다.
③ 관계인이 소방안전관리자를 해임한 경우 14일 이내에 관할 소방서장에게 신고해야 한다.
④ 관계인이 소방안전관리자를 선임한 경우 30일 이내에 한국소방안전원장에게 신고해야 한다.

해설 ② 특정소방대상물의 관계인은 소방안전관리자를 해임한 경우 30일 이내에 소방안전관리자를 선임해야 한다.
③ 해임한 경우 14일 이내에 관할 소방서장에게 신고해야 하는 규정은 법령 개정으로 삭제되었다.
④ 관계인이 소방안전관리자를 선임한 경우 14일 이내에 소방본부장 또는 소방서장에게 신고해야 한다.

▶ 교재 p.30

30 소방안전관리자의 선임 연기를 신청할 수 있는 대상이 아닌 것은?

① 소방안전관리보조자 선임대상 특정소방대상물
② 1급 소방안전관리대상물
③ 2급 소방안전관리대상물
④ 3급 소방안전관리대상물

해설 2급, 3급 소방안전관리대상물 또는 소방안전관리보조자 선임대상 특정소방대상물의 관계인은 소방안전관리자의 선임연기를 신청할 수 있다.

▶ 교재 p.30

31 다음 중 소방안전관리자의 선임 연기를 신청할 수 있는 대상이 아닌 것은?

① 높이가 120미터 이상인 아파트
② 보물 또는 국보로 지정된 목조건축물
③ 가연성 가스를 100톤 이상 1천톤 미만 저장·취급하는 시설
④ 지하구

해설 소방안전관리자 선임 연기를 신청할 수 있는 대상은 2급, 3급 소방안전관리대상물 또는 소방안전관리보조자 선임대상 특정소방대상물의 관계인이므로 특급, 1급 소방안전관리대상물은 그 대상에서 제외된다. ① 높이가 120미터 이상인 아파트는 1급 소방안전관리대상물이므로 소방안전관리자 선임 연기를 신청할 수 없다.

정답 29.① 30.② 31.①

▶ 교재 p.31

32 다음 중 특정소방대상물의 관계인의 업무에 해당하지 않는 것은?

① 피난시설, 방화구획 및 방화시설의 유지·관리
② 소방시설이나 그 밖의 소방관련시설의 유지·관리
③ 소방훈련 및 교육
④ 그 밖에 소방안전관리에 필요한 업무

해설 ▶ 특정소방대상물의 관계인의 업무
㉠ 피난시설, 방화구획 및 방화시설의 유지·관리
㉡ 소방시설이나 그 밖의 소방관련시설의 유지·관리
㉢ 화기취급의 감독
㉣ 화재발생 시 초기대응
㉤ 그 밖에 소방안전관리에 필요한 업무

> **심화문제** 다음 중 특정소방대상물의 관계인의 업무가 아닌 것은?
> ① 화기취급의 감독   ② 소방계획서의 작성 및 시행
> ③ 방화시설의 유지·관리   ④ 소방시설의 유지·관리
>
> 답 ②

▶ 교재 p.31

33 소방안전관리자를 선임하지 아니하는 특정소방대상물의 관계인의 업무에 해당하지 않는 것은?

① 화기취급의 감독
② 피난시설, 방화구획 및 방화시설의 유지·관리
③ 자위소방대 및 초기대응체계의 구성, 운영 및 교육
④ 소방시설이나 그 밖의 소방관련 시설의 관리

해설 ▶ 특정소방대상물의 관계인의 업무
㉠ 피난시설, 방화구획 및 방화시설의 유지·관리
㉡ 소방시설이나 그 밖의 소방관련시설의 유지·관리
㉢ 화기취급의 감독
㉣ 화재발생 시 초기대응
㉤ 그 밖에 소방안전관리에 필요한 업무

정답 32.③ 33.③

PART 01 소방관계법령

▶ 교재 p.31

34 다음 중 소방안전관리자의 업무 내용이 아닌 것은?

① 화기취급의 감독
② 피난시설, 방화구획 및 방화시설의 유지·관리
③ 소방훈련 및 교육
④ 소방시설의 점검 및 수리

해설 ▶ 소방안전관리자의 업무 내용
㉠ 피난**계획**에 관한 사항과 소방**계획**서의 작성 및 시행
㉡ **자위**소방대(自衛消防隊) 및 초기대응체계의 구성·운영·교육
㉢ 피난**시설**, 방화**구획** 및 방화시설의 유지·관리
㉣ 소방**시설**이나 그 밖의 소방 관련 **시설**의 유지·관리
㉤ 소방**훈련** 및 **교육**
㉥ **화기**(火氣) **취급**의 감독
㉦ 소방안전관리에 관한 업무수행에 관한 기록·유지
㉧ 화재발생 시 초기대응
㉨ 그 밖에 소방안전관리에 필요한 업무

▶ 관계인과 소방안전관리자의 업무 비교

관계인	소방안전관리자
	㉠ 피난계획에 관한 사항과 소방계획서의 작성 및 시행
	㉡ 자위소방대 및 초기대응체계의 구성·운영 및 교육
㉠ 피난시설, 방화구획 및 방화시설의 유지·관리	㉢ 피난시설, 방화구획 및 방화시설의 유지·관리
㉡ 소방시설이나 그 밖의 소방 관련 시설의 유지·관리	㉣ 소방시설이나 그 밖의 소방 관련 시설의 유지·관리
	㉤ 소방훈련 및 교육
㉢ 화기(火氣) 취급의 감독	㉥ 화기(火氣) 취급의 감독
	㉦ 소방안전관리에 관한 업무수행에 관한 기록·유지
㉣ 화재발생 시 초기대응	㉧ 화재발생 시 초기대응
㉤ 그 밖에 소방안전관리에 필요한 업무	㉨ 그 밖에 소방안전관리에 필요한 업무

▶ 교재 p.31

35 화재 시 소방안전관리자의 조치사항으로 잘못된 것은?

① 화재신고　　　　　　　　② 방화문 개방
③ 초기소화　　　　　　　　④ 피난 안내

해설 화재 시에 방화문을 개방하면 화재가 오히려 확대된다.

정답 34.④　35.②

[36~38] 김○○씨는 아래와 같은 건물을 건축하여 아래 표시된 날짜에 사용승인을 받았다. 아래 질문에 대해 각각 답하시오(소방안전관리자로 선임된 자는 2024년 9월 15일에 수강을 완료하였다).

소방대상물 명칭	대건 빌딩
용도	업무시설
층수	지하 2층, 지상 12층
면적	연면적 16,000m²
소방시설	소화기구, 옥내소화전설비, 자동화재탐지설비, 스프링클러설비, 피난구조설비, 유도등설비
사용승인일	2025년 1월 15일
업무대행	없음

▶ 교재 p.24~26

36 상 중 하

이 건물의 소방안전관리대상물 등급과 소방안전관리보조자 선임 인원 수는?

	소방안전관리대상물 등급	소방안전관리보조자 수
①	특급	보조자 대상 ×
②	1급	1명
③	1급	보조자 대상 ×
④	특급	1명

해설 건물의 연면적이 16,000m²이므로 1급 소방안전관리대상물이다. 연면적이 16,000m² 이므로 소방안전관리보조자 1명을 선임해야 한다.

▶ 교재 p.29

37 상 중 하

이 건물의 소방안전관리자는 언제까지 선임해야 하는가?

① 2025년 1월 30일 ② 2025년 2월 14일
③ 2025년 1월 22일 ④ 2025년 7월 14일

해설 이 건물의 사용승인일부터 30일 이내에 소방안전관리자를 선임해야 하므로 2025년 2월 14일까지 선임해야 한다.

▶ 교재 p.36

38 상 중 하

이 건물의 소방안전관리자가 사용승인일에 선임되었다고 할 때 언제까지 실무교육을 수강해야 하는가?

① 2026년 9월 14일 ② 2026년 6월 14일
③ 2025년 7월 14일 ④ 2025년 9월 14일

해설 소방안전관리 강습교육을 받은 후 1년 이내에 소방안전관리자로 선임된 경우 해당 강습교육을 받은 날에 실무교육을 받은 것으로 본다. 따라서 2024년 9월 15일에 강습교육을 완료하였으므로 2026년 9월 14일까지 실무교육 받아야 한다.

정답 36.② 37.② 38.①

[39~41] 다음 소방안전관리대상물의 현황을 보고 물음에 답하시오.(아래 제시된 내용을 제외한 나머지 현황은 무시함)

용도	공동주택(아파트)
규모	지상 27층, 지하 2층, 연면적 145,000m² 지상으로부터 높이 130m 2,200세대
소방시설	소화기, 옥내소화전설비, 스프링클러설비, 자동화재탐지설비, 유도등
소방안전관리 현황	전(前) 소방안전관리자 해임일 : 2025년 1월 10일

39 전(前) 소방안전관리자 해임일에 새로운 소방안전관리자를 선임한 경우 실무교육 이수 기한은? (단, 새로운 소방안전관리자는 강습 및 실무교육 이수이력 없음)

① 2026년 1월 9일
② 2027년 1월 9일
③ 2025년 4월 9일
④ 2025년 7월 9일

해설 전(前) 소방안전관리자 해임일인 2025년 1월 10일로부터 6개월 이내에 이수해야 하므로 2025년 7월 9일까지 실무교육을 이수해야 한다.

40 동 건물의 관계인이 소방안전관리자를 선임하지 않았을 경우 벌칙으로 맞는 것은?

① 3년 이하의 징역 또는 3천만원 이하의 벌금
② 1년 이하의 징역 또는 1천만원 이하의 벌금
③ 300만원 이하의 벌금
④ 300만원 이하의 과태료

해설 관계인이 소방안전관리자, 총괄소방안전관리자, 소방안전관리보조자를 선임하지 않았을 경우 **300만원 이하의 벌금**에 처한다.

41 소방안전관리대상물 등급 및 소방안전관리보조자 선임인원을 옳게 짝지은 것은?

① 1급, 8명
② 특급, 7명
③ 1급, 7명
④ 특급, 8명

해설 공동주택인 아파트로 높이 130m이므로 1급 소방안전관리대상물에 해당된다. 아파트는 300세대에 소방안전관리보조자를 1명 선임해야 하고, 매 300세대를 초과할 때마다 1명을 추가로 선임해야 하므로 2,200 ÷ 300 = 7.33.. 소수점 이하의 숫자는 버리고 계산하면 되므로 7명을 선임하면 된다.

정답 39.④ 40.③ 41.③

▶ 교재 p.30

42 소방안전관리자 현황표의 기재사항으로 틀린 것은?

① 소방안전관리대상물의 관계인
② 소방안전관리대상물의 등급
③ 소방안전관리자의 선임일자
④ 소방안전관리대상물의 명칭

해설 소방안전관리자의 성명이 기재사항이다. 소방안전관리대상물의 관계인은 기재사항이 아니다.

▶ 교재 p.32

43 다음 중 소방시설관리업자로 하여금 업무를 대행하게 할 수 있는 대상물은?

① 높이 250m인 아파트
② 10층 오피스텔
③ 연면적 20,000m²인 건물
④ 가연성 가스 2천톤을 저장·취급하는 시설

해설 10층 오피스텔은 2급 소방안전관리대상물로 업무대행이 가능하다.
▶ 업무대행 불가

> ㉠ 아파트를 제외한 대상물은 특급, 1급 중 연면적 15,000m² 이상은 업무대행 불가
> ㉡ 아파트의 경우 특급 및 1급은 업무대행 불가

▶ 교재 p.32

44 소방안전관리 업무를 대행하는 자를 감독할 수 있는 자를 소방안전관리자로 선임하려고 한다. 선임이 가능한 경우는?

① 1급 소방안전관리대상물 ABC빌딩에 1급 소방안전관리자 선임자격이 없는 관리소장
② 특급 소방안전관리대상물 ABC빌딩에 특급 소방안전관리자 선임자격이 없는 관리소장
③ 9층, 연면적 21,000m²인 ABC빌딩에 1급 소방안전관리자 선임자격이 없는 소유자
④ 12층, 연면적 14,000m²인 ABC빌딩에 1급 소방안전관리자 선임자격이 없는 소유자

해설 12층, 연면적 14,000m²인 ABC빌딩은 1급 소방안전관리대상물이지만 연면적이 15,000m² 미만이므로 업무대행이 가능하다. 이를 감독할 수 있는 자를 소방안전관리자로 선임 가능하다.
▶ 업무대행 불가

> ㉠ 아파트를 제외한 대상물은 특급, 1급 중 연면적 15,000m² 이상은 업무대행 불가
> ㉡ 아파트의 경우 특급 및 1급은 업무대행 불가

정답 42.① 43.② 44.④

45 건설현장 소방안전관리대상물이 아닌 것은?

① 대수선하려는 부분의 연면적의 합계가 18,000m²인 경우
② 12층 건축물로 용도변경하려는 부분의 연면적이 6,000m²인 경우
③ 냉동창고로 신축하려는 부분의 연면적이 7,000m²인 경우
④ 지하1층, 지상 10층인 건물로 개축하려는 부분의 연면적이 5,000m²인 경우

해설 ▶ 건설현장 소방안전관리대상물

> ㉠ 신축·증축·개축·재축·이전·용도변경 또는 대수선을 하려는 부분의 연면적 합계가 1만5천제곱미터 이상인 것
> ㉡ 신축·증축·개축·재축·이전·용도변경 또는 대수선을 하려는 부분의 연면적이 5천제곱미터 이상인 것 중 다음의 어느 하나에 해당하는 것
> ⓐ 지하층의 층수가 2개층 이상인 것
> ⓑ 지상층의 층수가 11층 이상인 것
> ⓒ 냉동창고, 냉장창고 또는 냉동·냉장창고

46 다음 중 건설현장 소방안전관리자 업무에 해당하는 것은?

① 화재발생 시 초기대응
② 피난시설, 방화구획 및 방화시설의 관리
③ 임시소방시설의 설치 및 관리에 대한 감독
④ 자위소방대의 구성, 운영 및 교육

해설 ①②④는 소방안전관리자의 업무에 해당한다.
▶ 건설현장 소방안전관리자 업무

> ㉠ 건설현장의 소방계획서 작성
> ㉡ 임시소방시설의 설치 및 관리에 대한 감독
> ㉢ 공사진행 단계별 피난안전구역, 피난로 등의 확보와 관리
> ㉣ 건설현장의 작업자에 대한 소방안전 교육 및 훈련
> ㉤ 초기대응체계의 구성·운영 및 교육
> ㉥ 화기취급의 감독, 화재위험작업의 허가 및 관리
> ㉦ 그 밖에 건설현장의 소방안전관리와 관련하여 소방청장이 고시하는 업무

정답 45.④ 46.③

▶ 교재 p.33, 37

47 건설현장 소방안전관리자에 대한 내용으로 옳지 않은 것은?

① 선임기간은 소방시설공사 착공 신고일부터 건축물 사용승인일까지 선임하여야 한다.
② 선임한 날부터 14일 이내에 소방본부장 또는 소방서장에게 신고해야 한다.
③ 신축하려는 부분의 연면적의 합계가 1만5천제곱미터 이상인 것은 건설현장 소방안전관리대상물에 포함된다.
④ 건설현장 소방안전관리자가 업무를 하지 않은 경우 1차 위반은 50만원, 2차 위반은 100만원, 3차 위반은 150만원의 과태료를 부과한다.

[해설] 건설현장 소방안전관리자가 업무를 하지 않은 경우 1차 위반은 100만원, 2차 위반은 200만원, 3차 위반은 300만원의 과태료를 부과한다.

▶ 교재 p.34

48 다음 중 피난계획에 포함되어야 할 항목을 모두 고른 것은?

㉠ 각 거실에서 옥외(옥상 또는 피난안전구역을 제외한다)로 이르는 피난경로
㉡ 화재경보의 수단 및 방식
㉢ 장애인, 노인, 임산부, 영유아 및 어린이 등 이동이 어려운 사람의 현황
㉣ 피난약자 및 피난약자를 동반한 사람의 피난동선과 피난방법

① ㉠, ㉡
② ㉠, ㉡, ㉢
③ ㉡, ㉢, ㉣
④ ㉠, ㉡, ㉢, ㉣

[해설] ㉠ 각 거실에서 옥외(옥상 또는 피난안전구역을 포함한다)로 이르는 경로

▶ 피난계획에 포함되어야 할 항목
ⓐ 화재경보의 수단 및 방식
ⓑ 층별, 구역별 피난대상 인원의 연령별·성별 현황
ⓒ 장애인, 노인, 임산부, 영유아 및 어린이 등 이동이 어려운 사람("피난약자")의 현황
ⓓ 각 거실에서 옥외(옥상 또는 피난안전구역을 포함한다)로 이르는 경로
ⓔ 피난약자 및 피난약자를 동반한 사람의 피난동선과 피난방법
ⓕ 피난시설, 방화구획, 그 밖에 피난에 영향을 줄 수 있는 제반 사항

정답 47.④ 48.③

49. 다음 중 피난유도 안내정보의 제공방법으로 맞는 것을 모두 고르면?

㉠ 피난안내도를 층마다 보기 쉬운 위치에 게시하는 방법
㉡ 엘리베이터, 출입구 등 시청이 용이한 장소에 피난안내영상을 제공하는 방법
㉢ 반기별 1회 이상 피난안내방송을 실시하는 방법
㉣ 연 1회 이상 피난안내 교육을 실시하는 방법

① ㉠, ㉡
② ㉠, ㉢
③ ㉡, ㉢
④ ㉢, ㉣

해설 맞는 것은 ㉠, ㉡이다.
㉢ 분기별 1회 이상 피난안내방송을 실시하는 방법
㉣ 연 2회 이상 피난안내 교육을 실시하는 방법

50. 소방안전관리대상물 근무자 및 거주자 등에 대한 소방훈련에 대한 설명으로 옳지 않은 것은?

① 연 1회 이상 실시해야 한다.
② 소방본부장 또는 소방서장이 화재예방을 위하여 필요하다고 인정하여 2회의 범위에서 추가로 실시할 것을 요청하는 경우에는 소방훈련과 교육을 실시해야 한다.
③ 관계인은 소방훈련·교육실시 결과기록부에 기록하고, 소방훈련 및 교육을 실시한 날부터 2년간 보관해야 한다.
④ 2급 소방안전관리대상물의 관계인은 소방훈련 및 교육을 한 날부터 30일 이내에 소방훈련 및 교육 결과를 소방본부장 또는 소방서장에게 제출하여야 한다.

해설 특급 또는 1급 소방안전관리대상물의 관계인은 소방훈련 및 교육을 한 날부터 30일 이내에 소방훈련 및 교육 결과를 소방본부장 또는 소방서장에게 제출하여야 한다.

51. 소방본부장 또는 소방서장이 근무자등에게 불시에 소방훈련과 교육을 실시할 수 있는 불특정 다수인이 이용하는 특정소방대상물이 아닌 것은?

① 의료시설
② 숙박시설
③ 노유자시설
④ 교육연구시설

해설 ▶ 불시에 소방훈련과 교육을 실시할 수 있는 특정소방대상물

㉠ 의료시설, 교육연구시설, 노유자시설
㉡ 그 밖에 화재 발생 시 불특정 다수의 인명피해가 예상되어 소방본부장 또는 소방서장이 소방훈련·교육이 필요하다고 인정하는 특정소방대상물

정답 49.① 50.④ 51.②

52. 소방안전관리자 갑과 소방안전관리보조자 을, 병, 정의 실무교육에 대한 대화 내용 중 옳지 않은 이야기를 한 사람은?

> 갑. 소방안전관리자로 최초로 선임된 경우 선임된 날로부터 6개월 이내에 실무교육을 받아야 해.
> 을. 그 후에는 2년마다 1회 이상 실무교육을 받아야 한다네.
> 병. 소방안전관리 강습교육을 받은 후 1년 이내에 소방안전관리자로 선임된 사람은 해당 강습교육을 수료한 날에 당해 실무교육을 이수한 것으로 본다는구만.
> 정. 소방안전관리보조자의 경우 소방안전관리자 강습교육 또는 실무교육이나 소방안전관리보조자 실무교육을 받은 후 2년 이내에 소방안전관리보조자로 선임된 사람은 해당 강습교육을 수료하거나 실무교육을 이수한 날에 당해 실무교육을 이수한 것으로 본다고 하네.

① 갑　　② 을
③ 병　　④ 정

해설　정. 소방안전관리보조자의 경우 소방안전관리자 강습교육 또는 실무교육이나 소방안전관리보조자 실무교육을 받은 후 1년 이내에 소방안전관리보조자로 선임된 사람은 해당 강습교육을 수료하거나 실무교육을 이수한 날에 당해 실무교육을 이수한 것으로 본다.

53. 다음 중 가장 무거운 벌칙 사유는?

① 소방안전관리자 자격증을 다른 사람에게 빌려준 자
② 소방안전관리자를 선임하지 아니한 자
③ 피난유도 안내정보를 제공하지 아니한 자
④ 화재안전조사 결과에 따른 조치명령을 정당한 사유없이 위반한 자

해설　④ 화재안전조사 결과에 따른 조치명령을 정당한 사유없이 위반한 자는 3년 이하의 징역 또는 3천만원 이하의 벌금에 처한다.
① 소방안전관리자 자격증을 다른 사람에게 빌려준 자는 1년 이하의 징역 또는 1천만원 이하의 벌금에 처한다.
② 소방안전관리자를 선임하지 아니한 자는 300만원 이하의 벌금에 처한다.
③ 피난유도 안내정보를 제공하지 아니한 자는 300만원 이하의 과태료를 부과한다.

정답 52.④　53.④

54. 다음 중 300만원 이하의 벌금에 처할 사유가 아닌 것은?

① 화재예방안전진단을 받지 아니한 자
② 소방안전관리자에게 불이익한 처우를 한 관계인
③ 소방시설 등이 법령에 위반된 것을 발견하였음에도 필요한 조치를 할 것을 요구하지 아니한 소방안전관리자
④ 소방안전관리보조자를 선임하지 아니한 자

해설 화재예방안전진단을 받지 아니한 자는 1년 이하의 징역 또는 1천만원 이하의 벌금에 처한다.

55. 다음 중 과태료의 내용으로 옳지 않은 것은?

	위반행위	과태료
①	기간 내에 선임신고를 하지 아니한 자	200만원 이하의 과태료
②	소방안전관리자를 겸한 자	300만원 이하의 과태료
③	피난유도 안내정보를 제공하지 아니한 자	200만원 이하의 과태료
④	실무교육을 받지 아니한 소방안전관리자	100만원 이하의 과태료

해설 피난유도 안내정보를 제공하지 아니한 자에게는 300만원 이하의 과태료를 부과한다.

56. 아래 내용에 해당하는 사람에게 적용할 수 있는 벌칙사항으로 옳은 것은?

- 소방시설·피난시설·방화시설 및 방화구획 등이 법령에 위반된 것을 발견하고도 필요한 조치를 요구하지 않는 소방안전관리자
- 소방안전관리자를 선임하지 아니한 자
- 소방안전관리자에게 불이익한 처우를 한 관계인

① 300만원 이하의 과태료
② 300만원 이하의 벌금
③ 1년 이하의 징역 또는 1천만원 이하의 벌금
④ 3년 이하의 징역 또는 3천만원 이하의 벌금

해설 소방시설·피난시설·방화시설 및 방화구획 등이 법령에 위반된 것을 발견하고도 필요한 조치를 요구하지 않는 소방안전관리자, 소방안전관리자를 선임하지 아니한 자, 소방안전관리자에게 불이익한 처우를 한 관계인에게는 300만원 이하의 벌금에 처한다.

정답 54.① 55.③ 56.②

O× 문제

01
50층 이상이거나 지상으로부터 높이가 200미터 이상인 아파트는 특급 소방안전관리대상물이다. ○×

○

02
연면적 1만5천 제곱미터 이상인 것은 1급 소방안전관리대상물에 해당한다. ○×

○

03
「문화유산의 보존 및 활용에 관한 법률」에 따라 국보 또는 보물로 지정된 목조건축물은 2급 소방안전관리대상물이다. ○×

○

04
소방공무원으로 10년 이상 근무한 경력이 있는 사람은 특급소방안전관리자의 선임자격이 있다. ○×

× 소방공무원으로 20년 이상 근무한 경력이 있는 사람은 특급소방안전관리자의 선임자격이 있다.

05
소방안전관리자를 선임하는 경우 10일 이내에 소방서장에게 신고하여야 한다. ○×

× 소방안전관리자를 선임+하는 경우 14일 이내에 소방서장에게 신고하여야 한다.

06
지상층의 층수가 11층 이상이고 연면적 $15,000m^2$ 이상인 특정소방대상물은 소방안전관리업무의 대행이 가능하다. ○×

× 연면적 $15,000m^2$ 이상인 특정소방대상물과 아파트의 경우 소방안전관리업무의 대행을 불가하다.

07
소방안전관리자는 선임날부터 6개월 이내, 그 이후에는 2년마다 1회 이상 실무교육을 받아야 한다. ○×

○

08
소방시설·피난시설·방화시설 및 방화구획 등이 법령에 위반된 것을 발견하였음에도 필요한 조치를 할 것을 요구하지 아니한 소방안전관리자에게는 300만원의 과태료를 부과한다. ○×

× 소방시설·피난시설·방화시설 및 방화구획 등이 법령에 위반된 것을 발견하였음에도 필요한 조치를 할 것을 요구하지 아니한 소방안전관리자는 **300만원의 벌금**에 처한다.

CHAPTER 03 소방시설 설치 및 관리에 관한 법률

01 건축물에서 채광·환기·통풍 또는 출입 등을 위하여 만든 창·출입구 그 밖에 이와 비슷한 것을 무엇이라 하는가?

① 무창층
② 개구부
③ 피난층
④ 댐퍼

해설 건축물에서 **채광·환기·통풍** 또는 **출입** 등을 위하여 만든 **창·출입구** 그 밖에 이와 비슷한 것을 개구부라 한다.

02 무창층의 설명으로 맞는 것은?

① 지름 50cm 이하의 원이 통과할 수 있는 크기일 것
② 해당 층의 바닥면으로부터 개구부의 밑부분까지의 높이가 1.5m 이내일 것
③ 개구부의 면적의 합계가 해당 층의 바닥면적의 $\frac{1}{50}$ 이하일 것
④ 화재 시 건축물로부터 쉽게 피난할 수 있도록 창살이나 그 밖의 장애물이 설치되어 있지 아니할 것

해설 ① 지름 50cm **이상**의 원이 통과할 수 있는 크기일 것
② 해당 층의 바닥면으로부터 개구부의 밑부분까지의 높이가 1.2m 이내일 것
③ 개구부의 면적의 합계가 해당 층의 바닥면적의 $\frac{1}{30}$ 이하일 것

03 다음 중 무창층이 되기 위한 개구부의 요건으로 맞는 것은?

① 크기는 지름 60cm 이상의 원이 통과할 수 있는 크기일 것
② 해당 층의 바닥면으로부터 개구부 밑 부분까지의 높이가 1.5m 이내일 것
③ 도로 또는 차량이 진입할 수 없는 벽으로 향할 것
④ 화재 시 건축물로부터 쉽게 피난할 수 있도록 개구부에 창살이나 그 밖의 장애물이 설치되지 아니할 것

정답 01.② 02.④ 03.④

해설 ▶ 무창층이 되기 위한 개구부의 요건
  ㉠ 크기는 지름 **50cm** 이상의 원이 통과할 수 있는 크기일 것
  ㉡ 해당 층의 바닥면으로부터 개구부 밑부분까지의 높이가 **1.2m** 이내일 것
  ㉢ 도로 또는 차량이 진입할 수 있는 **빈터**를 향할 것
  ㉣ 화재 시 건축물로부터 쉽게 피난할 수 있도록 **창살**이나 그 밖의 **장애물**이 설치되지 아니할 것
  ㉤ 내부 또는 외부에서 **쉽게 부수거나 열** 수 있을 것

  ① 크기는 지름 60cm 이상의 원이 내접할 수 있는 크기일 것 → 50cm
  ② 해당 층의 바닥면으로부터 개구부 밑 부분까지의 높이가 1.5m 이내일 것 → 1.2m
  ③ 도로 또는 차량이 진입할 수 없는 벽으로 향할 것 → 있는 빈터

▶ 교재 p.40

04 다음은 무창층의 정의에 대한 내용 중 일부이다. 밑줄 친 다음 요건에 해당하는 내용으로 옳지 않은 것은?

> "무창층"이란 지상층 중 <u>다음 요건</u>을 모두 갖춘 개구부(건축물에서 채광·환기·통풍 또는 출입 등을 위하여 만든 창·출입구, 그 밖에 이와 비슷한 것)의 면적의 합계가 해당 층의 바닥면적의 30분의 1 이하가 되는 층을 말한다.

① 크기는 지름 50cm 이상의 원이 통과할 수 있을 것
② 해당 층의 바닥면으로부터 개구부 밑부분까지의 높이가 1.5m 이내일 것
③ 도로 또는 차량이 진입할 수 있는 빈터를 향할 것
④ 화재 시 건축물로부터 쉽게 피난할 수 있도록 창살이나 그 밖의 장애물이 설치되지 않을 것

해설 해당 층의 바닥면으로부터 개구부 밑부분까지의 높이가 1.2m 이내일 것이다.

▶ 교재 p.41

05 다음 중 방염성능기준 이상의 실내장식물 등을 설치하여야 할 장소가 아닌 것은?
① 체력단련장   ② 실내 배드민턴장
③ 11층 아파트   ④ 의료시설 중 종합병원

해설 건축물의 층수가 11층 이상인 것은 해당되지만 **아파트는 제외**된다.

정답 04.② 05.③

PART 01 소방관계법령

▶ 교재 p.41

06 방염기준 방염성능 이상의 실내장식물 등을 설치하여야 할 장소가 아닌 것은?

① 노유자시설
② 숙박시설
③ 교육연구시설 중 합숙소
④ 근린생활시설 중 종교시설

해설 근린생활시설 중 종교집회장이다. 종교시설은 근린생활시설에 해당하지 않는 경우여야 한다.

▶ 교재 p.42

07 다음 중 방염대상 물품이 아닌 것은?

① 노래연습장 가죽소파
② 스크린
③ 두께 1.5mm 실크벽지
④ 무대막

해설 단란주점, 유흥주점 및 노래연습장에서 사용하는 **섬유류 또는 합성수지류** 등을 원료로 하여 제작된 소파·의자가 방염대상 물품이다.

▶ 방염대상 물품

- ㉠ 창문에 설치하는 커튼류(블라인드를 포함한다)
- ㉡ 카펫, 벽지류(두께가 2mm 미만인 종이벽지 제외)
- ㉢ 전시용 합판 또는 섬유판, 무대용 합판 또는 섬유판
- ㉣ 암막·무대막(영화영상관에서 설치하는 스크린과 가상체험 체육시설업에 설치하는 스크린을 포함)
- ㉤ 섬유류 또는 합성수지류 등을 원료로 하여 제작된 소파·의자(단란주점업, 유흥주점업 및 노래연습장업에 한함)

▶ 교재 p.42

08 다음 〈보기〉 중 방염대상 물품에 해당하는 것은 모두 몇 개인가?

| 보기 |

㉠ 건물 외장합판　　　　　㉡ 방음용 커튼
㉢ 너비 7cm인 반자돌림대　㉣ 두께 1.8mm 실크벽지
㉤ 가상체험 체육시설업 스크린　㉥ 사무용 책상
㉦ 계산대

① 3개
② 4개
③ 5개
④ 6개

정답 06.④ 07.① 08.①

해설 방염대상 물품에 해당하는 것은 ㉡, ㉣, ㉤ 3개이다.

▶ 방염대상 물품

구 분	대 상
제조 또는 가공 공정에서 방염처리를 한 물품(설치 현장에서 방염처리한 합판·목재류 포함)	㉠ 창문에 설치하는 커튼류(블라인드 포함) ㉡ 카펫, 벽지류(두께가 2mm 미만인 종이벽지 제외) ㉢ 전시용 합판 또는 섬유판, 무대용 합판 또는 섬유판 ㉣ 암막·무대막(스크린과 가상체험 체육시설업에 설치하는 스크린 포함) ㉤ 섬유류 또는 합성수지류 등을 원료로 하여 제작된 소파·의자(단란주점업, 유흥주점업 및 노래연습장의 영업장에 한함)
건축물 내부의 천장이나 벽에 부착하거나 설치하는 것[가구류(옷장, 찬장, 식탁, 식탁용 의자, 사무용 책상, 사무용 의자, 계산대 및 그 밖에 이와 비슷한 것을 말한다. 이하 이 조에서 같다)와 너비 10cm 이하인 반자돌림대 등과 내부마감재료는 제외]	㉠ 종이류(두께 2mm 이상)·합성수지류 또는 섬유류를 주원료로 한 물품 ㉡ 합판이나 목재 ㉢ 공간을 구획하기 위하여 설치하는 간이 칸막이 ㉣ 흡음재(흡음용 커튼 포함) 또는 방음재(방음용 커튼 포함)

▶ 교재 p.41

09 다음 중 방염성능기준 이상의 실내장식물 등을 설치하여야 할 장소가 아닌 것은?

① 정신의료기관
② 실내수영장
③ 촬영소
④ 영화관

해설 건축물의 옥내에 있는 운동시설은 포함되지만 수영장은 제외된다.

▶ 방염성능기준 이상의 실내장식물 등을 설치하여야 할 장소

㉠ 근린생활시설 중 의원, 치과의원, 한의원, 조산원, 산후조리원, 체력단련장, 공연장 및 종교집회장
㉡ 건축물의 옥내에 있는 시설 중 종교시설, 운동시설(수영장은 제외), 문화 및 집회시설
㉢ 의료시설, 교육연구시설 중 합숙소
㉣ 노유자 시설, 숙박이 가능한 수련시설, 숙박시설
㉤ 방송통신시설 중 방송국 및 촬영소
㉥ 다중이용업소
㉦ ㉠~㉥의 시설에 해당하지 않는 것으로서 층수가 11층 이상인 것(아파트등은 제외)

정답 09.②

10 방염에 대해 ( )에 들어갈 말로 짝지은 것은?

ⓐ 건축물의 층수가 (㉠) 이상인 것
ⓑ 영화상영관에 설치하는 스크린과 (㉡)에 설치하는 스크린
ⓒ 노유자시설·숙박시설 또는 장례시설에서 사용하는 침구류는 방염물품 (㉢) 설치 사항

	㉠	㉡	㉢
①	6층	가상체험 체육시설업	권장
②	6층	단란주점	의무
③	11층	가상체험 체육시설업	권장
④	11층	노래연습장	의무

[해설] ⓐ 건축물의 층수가 (11층) 이상인 것
ⓑ 영화상영관에 설치하는 스크린과 (가상체험 체육시설업)에 설치하는 스크린
ⓒ 노유자시설·숙박시설 또는 장례시설에서 사용하는 침구류는 방염물품 (권장) 설치 사항

11 방염처리된 제품의 사용을 권장할 수 있는 경우가 아닌 것은?

① 의료시설에서 사용하는 침구류
② 노유자시설에서 사용하는 소파
③ 판매시설에서 사용하는 의자
④ 숙박시설에서 사용하는 침구류

[해설] ▶ 방염처리된 제품의 사용을 권장할 수 있는 경우
㉠ 다중이용업소·의료시설·노유자시설·숙박시설 또는 장례시설에서 사용하는 **침구류**·소파 및 의자
㉡ 건축물 내부의 천장 또는 벽에 부착하거나 설치하는 **가구류**

12 방염처리된 제품의 사용을 권장할 수 있는 장소가 아닌 것은?

① 의료시설
② 노유자시설
③ 숙박시설
④ 종교시설

[해설] 방염처리된 제품의 사용을 권장할 수 있는 장소는 다중이용업소·의료시설·노유자시설·숙박시설 또는 장례시설이다.

정답 10.③ 11.③ 12.④

▶ 교재 p.45

13 다음 중 종합점검의 대상이 아닌 것은?
① 물분등소화설비가 설치된 연면적 5,000m² 이상인 특정소방대물
② 공공기관 중 연면적이 700m² 이상으로 자동화재탐지설비가 설치된 것
③ 제연설비가 설치된 터널
④ 안마시술소의 다중이용업 영업장이 설치된 연면적 2,000m² 이상인 특정소방대상물

해설 공공기관 중 연면적이 1,000m² 이상으로 옥내소화전설비 또는 자동화재탐지설비가 설치된 것이 종합점검의 대상이 된다.

▶ 교재 p.45

14 30층 이상, 높이 120미터 이상 또는 연면적 10만 제곱미터 이상인 소방대상물에 대한 종합점검 연간 횟수로 맞는 것은?
① 연 1회 이상
② 연 2회 이상
③ 연 3회 이상
④ 연 4회 이상

해설 30층 이상, 높이 120미터 이상 또는 연면적 10만 제곱미터 이상인 소방대상물에 대해서는 반기별로 1회 이상의 종합점검을 실시해야 한다.

▶ 교재 p.45

15 2025년 4월 16일에 사용승인을 받은 창조빌딩(1급 소방안전관리대상물)은 언제까지 종합점검을 받아야 하는가?
① 2026년 4월 15일
② 2026년 4월 30일
③ 2025년 10월 30일
④ 2025년 10월 31일

해설 종합점검은 건축물 사용승인일이 속하는 달에 연 1회 실시한다. 따라서 2025년 4월 16일에 사용승인을 받은 건축물은 2026년 4월 안에 실시하면 되기 때문에 2025년 4월 30일까지 종합점검을 받아야 한다.

▶ 교재 p.45

16 2025년 3월 2일 사용승인을 받은 금호고등학교 건물은 언제까지 종합점검을 받아야 하는가?
① 2026년 3월 1일
② 2025년 9월 30일
③ 2026년 6월 30일
④ 2026년 3월 30일

해설 학교의 경우에는 해당 건축물의 사용승인일이 1월에서 6월 사이에 있는 경우에는 6월 30일까지 종합점검을 실시할 수 있다.

정답 13.② 14.② 15.② 16.③

PART 01 소방관계법령

▶ 교재 p.45

17 상중하
2025년 5월 15일에 종합점검을 받은 천호빌딩은 다음 작동점검을 언제까지 받아야 하는가?
① 2025년 8월 14일
② 2025년 11월 30일
③ 2026년 5월 14일
④ 2026년 5월 30일

해설 종합점검대상 건축물은 종합점검을 받은 달부터 6월이 되는 달에 작동점검을 실시한다. 따라서 2025년 5월 15일에 종합점검을 받은 건축물은 그로부터 6월이 되는 달인 2025년 11월 30일까지 작동점검을 받아야 한다.

▶ 교재 p.45

18 상중하
하나의 대지경계선 안에 2025년 2월 14일에 사용승인을 받은 트리움건물과 2023년 3월 18일 사용승인을 받은 대흥빌딩이 있다. 이 경우 언제까지 종합점검을 받아야 하는가?
① 2026년 3월 31일
② 2026년 2월 28일
③ 2025년 6월 30일
④ 2026년 9월 30일

해설 하나의 대지경계선 안에 2개 이상의 점검대상 건축물이 있는 경우 사용승인일이 가장 빠른 건축물의 사용승인일이 기준으로 되므로 2025년 2월 14일의 다음 연도 말일인 2026년 2월 28일까지 종합점검을 받아야 한다.

▶ 교재 p.44~45

19 상중하
소방시설의 자체점검에 대한 설명으로 옳은 것은?
① 고시원업의 영업장이 설치된 연면적 $2,500m^2$인 특정소방대상물은 종합점검대상에 해당하지 않는다.
② 선임된 소방안전관리자는 선임자격의 종류와 무관하게 종합점검을 실시할 수 있는 자격자에 해당한다.
③ 특급 및 1급 소방안전관리대상물은 연 1회 자체점검을 실시하여야 한다.
④ 특정소방대상물의 규모, 설치된 소방시설, 건축물의 사용승인일에 따라 자체점검의 종류 및 실시하는 시기 등이 다르다.

해설 ① 고시원업의 영업장이 설치된 연면적 $2,000m^2$ 이상인 특정소방대상물은 종합점검대상이다.
② 소방안전관리자로 선임된 소방시설관리사 및 소방기술사여야 종합점검을 실시할 수 있다.
③ 특급 소방안전관리대상물은 연 2회(반기에 1회 이상) 실시하여야 한다.

정답 17.② 18.② 19.④

[20~23] 다음은 성동구 제4호 도로터널의 소방안전관리자가 작성한 자체점검계획이다. 다음 현황표를 보고 물음에 답하시오(아래 제시된 현황 외에는 무시한다).

> □ 명칭 : 성동구 제4호 터널
> □ 소재지 : 서울시 성동구 소재
> □ 총 길이 : 1,576m
> □ 건축물 사용승인일 : 2010.3.17.
> □ 업무대행 여부 : 해당없음
> □ 소방시설 설치현황 : 소화기구, 옥내소화전설비, 자동화재탐지설비, 유도등, 제연설비

20 위 터널에 대해서 소방시설 자체점검을 실시하지 않았을 때 벌칙사항으로 옳은 것은?

① 3년 이하의 징역 또는 3천만원 이하의 벌금
② 1년 이하의 징역 또는 1천만원 이하의 벌금
③ 300만원 이하의 벌금
④ 300만원 이하의 과태료

해설 소방시설등에 대하여 스스로 점검을 하지 아니하거나 관리업자등으로 하여금 정기적으로 점검하지 아니한 자는 1년 이하의 징역 또는 1천만원 이하의 벌금에 처한다.

21 2025년 종합점검 실시 시기로 옳은 것은?

① 3월   ② 7월
③ 11월   ④ 종합점검 대상 아님

해설 제연설비가 설치된 터널은 종합점검의 대상이다. 종합점검은 사용승인일이 속하는 달에 실시해야 하므로 사용승인일이 3월 17일이므로 3월에 종합점검을 실시해야 한다.

22 2025년 작동점검 실시 시기로 옳은 것은?

① 3월   ② 5월
③ 9월   ④ 12월

해설 종합점검대상인 특정소방대상물의 작동점검은 종합점검을 받은 후 6개월이 되는 달에 실시해야 하므로 작동점검을 9월에 실시해야 한다.

정답 20.② 21.① 22.③

PART 01 소방관계법령

▶ 교재 p.44~47

23 상중하

위 특정소방대상물을 소방시설관리업자에게 의뢰하여 자체점검을 실시하였을 때 그 내용으로 옳지 않은 것은?

① 작동점검과 종합점검을 모두 실시해야 하는 대상이다.
② 관계인은 소방시설등 자체점검 실시결과보고서를 소방본부장 또는 소방서장에게 서면이나 소방청장이 지정하는 전산망을 통하여 보고해야 한다.
③ 점검결과를 2년간 자체 보관하여야 한다.
④ 소방시설등 자체점검 실시결과보고서의 제출기한은 점검일로부터 30일 이내이다.

해설 관계인은 점검이 끝난 날부터 15일 이내에 소방시설등 자체점검 실시결과보고서를 소방본부장 또는 소방서장에게 서면이나 소방청장이 지정하는 전산망을 통하여 보고해야 한다.

▶ 교재 p.44~47

24 상중하

아래 〈표〉는 ○○건물 건축물 현황표이다. 이 건물에 대한 설명으로 옳은 것은?

- 주소 : 신사동 ○○로 △△
- 등급 : 3급 소방안전관리대상물
- 구조 : 철근콘크리조
- 용도 : 판매시설
- 사용승인일 : 2020년 3월 12일
- 연면적 : 12,000m²
- 소방설비 : 소화기, 자동화재탐지설비, 유도등

① 종합점검대상이다.
② 작동점검을 2021년 9월 말일까지 실시해야 한다.
③ 점검자의 자격은 소방시설관리업자나 소방안전관리자로 선임된 소방시설관리사·소방기술사이다.
④ 자체점검결과 보고를 마친 관계인은 보고한 날부터 10일 이내에 소방시설등 자체점검 기록표를 작성하여 특정소방대상물의 출입자가 쉽게 볼 수 있는 장소에 30일 이상 게시해야 한다.

해설 ① 작동점검대상이다.
② 건축물의 사용승인일이 속하는 달의 말일까지 실시하면 되므로 2021년 3월 말일까지 실시해야 한다.
③ 점검자의 자격은 관계인·관리업에 등록된 기술인력 중 소방시설관리사·특급점검자·소방안전관리자로 선임된 소방시설관리사 및 소방기술사이다.

정답 23.④ 24.④

[25~26] 아래와 같이 하나의 대지경계선 안에 연면적이 6,300m²인 건물 2동이 있다. 이 건물에는 옥내소화전설비, 스프링클러설비, 자동화재탐지설비, 제연설비, 유도등 및 소화기가 설치되어 있다.

사용승인일 2022년 1월 4일 / 사용승인일 2022년 4월 14일

25 이 건물 2동에 대한 종합점검 시기로 맞는 것은?

① 2025년 1월 이내에 실시해야 한다.
② 2025년 4월 이내에 실시해야 한다.
③ 2024년 7월 이내에 실시해야 한다.
④ 2024년 10월 이내에 실시해야 한다.

해설 종합점검은 건축물 사용승인일이 속하는 달에 실시한다. 그리고 하나의 대지경계선 안에 2개 이상의 점검대상 건축물이 있는 경우 사용승인일이 가장 빠른 건축물의 사용승인일을 기준으로 시기를 정하므로 사용승인일 2022년 1월 4일인 A건물을 기준으로 해서 2025년 1월 이내에 종합점검을 실시해야 한다.

26 이 건물 2동에 대한 작동점검 시기로 맞는 것은?

① 2025년 11월 이내
② 2025년 7월 이내
③ 2024년 10월 이내
④ 2025년 12월 이내

해설 이 건물 2동에 대한 종합점검을 2025년 1월 이내에 실시해야 하고 작동점검은 종합점검을 받은 후 6개월 이내에 실시해야 하므로 2025년 7월 이내에 실시하면 된다.

정답 25.① 26.②

27

다음은 □□건물의 개요이다. 2025년 소방시설등 자체점검 계획으로 가장 적합한 것은? (아래 제시된 현황표 외의 것은 무시한다)

○ 주용도 : 업무시설
○ 층수 : 지하 3층, 지상 6층
○ 연면적 : 5,960m²
○ 사용승인일 : 2000. 3. 15.
○ 소방시설 설치현황 : 소화기, 옥내소화전설비, 유도등, 자동화재탐지설비, 비상방송설비, 비상조명등

① 소방시설관리업자로 하여금 3월 중 종합점검만 실시하도록 계획한다.
② 소방시설관리업자로 하여금 3월 중 작동점검만 실시하도록 계획한다.
③ 소방시설관리업자로 하여금 3월 중 작동점검, 9월 중 종합점검을 실시하도록 한다.
④ 소방시설관리업자로 하여금 3월 중 종합점검, 9월 중 작동점검을 실시하도록 한다.

해설 옥내소화전설비만 설치된 위 건물은 작동검검 대상으로 3월 중 작동점검만 실시하도록 계획하면 된다.

28

다음 중 처벌이 가장 무거운 사유는?

① 자체점검 결과 중대위반사항이 발견된 경우 필요한 조치를 하지 않은 관계인
② 공사현장에 임시소방시설을 설치·관리하지 아니한 자
③ 소방시설에 폐쇄·차단 등의 행위를 한 자
④ 소방시설등에 대하여 스스로 점검을 하지 아니하거나 관리업자등으로 하여금 정기적으로 점검하게 하지 아니한 자

해설 ① 300만원 이하의 벌금에 처한다.
② 300만원 이하의 과태료를 부과한다.
③ 5년 이하의 징역 또는 5천만원 이하의 벌금에 처한다.
④ 1년 이하의 징역 또는 1천만원 이하의 벌금에 처한다.

정답 27.② 28.③

▶ 교재 p.49

29 소방시설에 차단행위를 하여 사람을 사망에 이르게 한 경우 처벌로 맞는 것은?

① 10년 이하의 징역 또는 1억원 이하의 벌금
② 7년 이하의 징역 또는 7천만원 이하의 벌금
③ 5년 이하의 징역 또는 5천만원 이하의 벌금
④ 3년 이하의 징역 또는 3천만원 이하의 벌금

해설 소방시설에 차단행위를 하여 사람을 사망에 이르게 한 자는 10년 이하의 징역 또는 1억원 이하의 벌금에 처한다.

▶ 교재 p.50

30 피난시설, 방화구획 또는 방화시설을 폐쇄·훼손·변경 등의 행위를 한 자에 대한 벌칙으로 옳은 것은?

① 피난시설, 방화구획 또는 방화시설을 폐쇄·훼손·변경 등의 행위를 한 자가 1차 위반인 경우 50만원 이하의 과태료에 처한다.
② 피난시설, 방화구획 또는 방화시설을 폐쇄·훼손·변경 등의 행위를 한 자가 2차 위반인 경우 200만원 이하의 과태료에 처한다.
③ 피난시설, 방화구획 또는 방화시설을 폐쇄·훼손·변경 등의 행위를 한 자가 3차 위반인 경우 100만원 이하의 과태료에 처한다.
④ 피난시설, 방화구획 또는 방화시설을 폐쇄·훼손·변경 등의 행위를 한 자에게는 500만원 이하의 벌금에 처한다.

해설 피난시설, 방화구획 또는 방화시설을 폐쇄·훼손·변경 등의 행위를 한 자가 1차 위반인 경우 100만원, 2차 위반인 경우 200만원, 3차 이상 위반인 경우 300만원의 과태료를 부과한다.

▶ 교재 p.50~51

31 300만원 이하의 과태료에 처할 사유가 아닌 것은?

① 관계인에게 점검 결과를 제출하지 아니한 관리업자등
② 자체점검결과 관계인에게 중대위반사항을 알리지 아니한 관리업자등
③ 피난시설, 방화구획 또는 방화시설을 폐쇄·훼손·변경 등의 행위를 한 자
④ 소방시설을 화재안전기준에 따라 설치·관리하지 아니한 자

해설 ② 300만원 이하의 벌금에 처할 사유이다.
▶ 300만원 이하의 과태료에 처할 사유

> ㉠ 소방시설을 화재안전기준에 따라 설치·관리하지 아니한 자
> ㉡ 공사현장에 임시소방시설을 설치·관리하지 아니한 자
> ㉢ 피난시설, 방화구획 또는 방화시설을 폐쇄·훼손·변경 등의 행위를 한 자
> ㉣ 관계인에게 점검 결과를 제출하지 아니한 관리업자등
> ㉤ 점검결과를 보고하지 아니하거나 거짓으로 보고한 자
> ㉥ 자체점검 이행계획을 기간 내에 완료하지 아니한 자 또는 이행계획 완료 결과를 보고하지 않거나 거짓으로 보고한 자
> ㉦ 점검기록표를 기록하지 아니하거나 특정소방대상물의 출입자가 쉽게 볼 수 있는 장소에 게시하지 아니한 관계인

정답 29.① 30.② 31.②

O× 문제

01
무창층의 개구부의 크기는 지름 60cm 이상의 원이 통과할 수 있는 크기이어야 한다.

× 무창층의 개구부의 크기는 지름 50cm 이상의 원이 통과할 수 있는 크기이어야 한다.

02
무창층의 개구부는 해당 층의 바닥면으로부터 개구부 밑 부분까지의 높이가 1.5m 이내여야 한다.

× 무창층의 개구부는 해당 층의 바닥면으로부터 개구부 밑 부분까지의 높이가 1.2m 이내여야 한다.

03
두께가 2mm 미만인 종이벽지류는 제조 및 가공공정에서 방염처리를 해야 하는 방염대상 물품에 해당한다.

× 두께가 2mm 미만인 종이벽지류는 제조 및 가공공정에서 방염처리를 해야 하는 방염대상 물품에서 제외된다.

04
특급소방안전관리대상물은 연 1회 이상을 종합점검을 실시해야 한다.

× 특급소방안전관리대상물은 반기별로 1회 이상을 종합점검을 실시해야 한다.

05
관계인은 종합점검을 실시한 경우에는 점검이 끝난 날부터 7일 이내에 소방시설등 점검결과보고서에 점검인력 배치확인서, 소방시설등의 자체점검 결과 이행계획서를 첨부하여 소방본부장 또는 소방서장에게 제출하여야 한다.

× 관계인은 종합점검을 실시한 경우에는 점검이 끝난 날부터 15일 이내에 소방시설등 점검결과보고서에 점검인력 배치확인서, 소방시설등의 자체점검 결과 이행계획서를 첨부하여 소방본부장 또는 소방서장에게 제출하여야 한다.

06
소방시설에 폐쇄·차단 등의 행위를 한 자에게는 7년 이하의 징역 또는 7천만원 이하의 벌금에 처한다.

× 소방시설에 폐쇄·차단 등의 행위를 한 자에게는 5년 이하의 징역 또는 5천만원 이하의 벌금에 처한다.

07
자체점검을 실시하지 않은 자에게는 2년 이하의 징역 또는 2천만원 이하의 벌금에 처한다.

× 자체점검을 실시하지 않은 자에게는 1년 이하의 징역 또는 1천만원 이하의 벌금에 처한다.

08
소방시설을 화재안전기준에 따라 설치·관리하지 않은 경우 100만원 이하의 과태료에 처한다.

× 소방시설을 화재안전기준에 따라 설치·관리하지 않은 경우 300만원 이하의 과태료에 처한다.

CHAPTER 04 건축관계법령

PART 01

▶ 교재 p.52

01 다음 중 방화구획에 대한 내용으로 옳지 않은 것은?
① 건축물 내부를 방화벽으로 구획
② 화재의 확산을 일정구역으로 제한
③ 연기의 확산을 일정구역으로 제한
④ 소화작업 및 피난시간을 일정시간 확보

해설 연기의 확산은 제연을 시행하도록 **소방법**에 위임한다.

▶ 교재 p.54

02 건축물의 주요구조부가 아닌 것은?
① 내력벽   ② 기둥
③ 최하층 바닥   ④ 주계단

해설 주요구조부란 건축물의 구조상 주요 골격부분인 내력벽·기둥·바닥·보·지붕틀 및 주계단을 말한다.

▶ 주요구조부

주요구조부	주요구조부가 아닌 것
지붕틀, 내력벽, 보, 기둥, 바닥, **주계단**	사이기둥, **최하층 바닥**, 작은보, 차양, **옥외계단**, 그 밖에 이와 유사한 부분

> **심화문제** 다음 중 건축법상 주요구조부에 포함되는 것은?
> ① 사이기둥   ② 최하층 바닥
> ③ 작은보   ④ 내력벽
>
> 답 ④

정답 01.③ 02.③

PART 01 소방관계법령

▶ 교재 p.55

03 다음은 건축용어에 대한 설명이다. ( ) 안에 알맞은 것은?

(㉮) : 기존 건축물의 전부 또는 일부[내력벽·기둥·지붕틀 중 (㉯) 이상이 포함되는 경우를 말한다]를 해체하고, 그 대지에 종전과 동일한 규모의 범위 안에서 건축물을 다시 축조하는 것을 말한다.

① ㉮ : 재축, ㉯ : 셋 ② ㉮ : 개축, ㉯ : 넷
③ ㉮ : 재축, ㉯ : 넷 ④ ㉮ : 개축, ㉯ : 셋

[해설] • (개축) : 기존 건축물의 전부 또는 일부[내력벽·기둥·지붕틀 중 (셋) 이상이 포함되는 경우를 말한다]를 해체하고, 그 대지에 종전과 동일한 규모의 범위 안에서 건축물을 다시 축조하는 것을 말한다.

▶ 교재 p.55

04 건축관계법령에 대한 내용이다. ( ) 안에 들어갈 내용을 차례로 고른 것은?

(㉠) : 기존 건축물의 전부 또는 일부를 해체하고 그 대지에 종전과 같은 규모의 범위에서 건축물을 다시 축조하는 것을 말한다.
(㉡) : 건축물이 천재지변이나 기타 재해에 의하여 멸실된 경우에 그 대지 안에 종전과 같은 규모의 범위에서 건물을 다시 축조하는 것을 말한다.

① ㉠ 개축, ㉡ 재축 ② ㉠ 재축, ㉡ 개축
③ ㉠ 신축, ㉡ 개축 ④ ㉠ 개축, ㉡ 증축

[해설] (㉠ 개축) : 기존 건축물의 전부 또는 일부를 해체하고 그 대지에 종전과 같은 규모의 범위에서 건축물을 다시 축조하는 것을 말한다.
(㉡ 재축) : 건축물이 천재지변이나 기타 재해에 의하여 멸실된 경우에 그 대지 안에 종전과 같은 규모의 범위에서 건물을 다시 축조하는 것을 말한다.

▶ 교재 p.55~56

05 건축법상 용어에 대한 정의로 옳지 않은 것은?

① 재축은 기존 건축물의 전부 또는 일부를 해체하고 그 대지에 종전과 같은 규모의 범위에서 건축물을 다시 축조하는 것을 말한다.
② 기둥을 증설 또는 해체하거나 세 개 이상 수선 또는 변경하는 것은 대수선에 해당한다.
③ 이전이란 건축물의 주요구조부를 해체하지 않고 동일한 대지 안의 다른 위치로 옮기는 것을 말한다.
④ 건축물 안에서 거주, 집무, 작업, 집회, 오락 등의 목적을 위하여 사용되는 방을 거실이라고 한다.

[해설] 기존 건축물의 전부 또는 일부를 해체하고 그 대지에 종전과 같은 규모의 범위에서 건축물을 다시 축조하는 것은 개축에 해당한다. 재축은 건축물이 천재지변이나 기타 재해에 의해 멸실된 경우에 그 대지 안에 종전과 같은 규모의 범위에서 건축물을 다시 축조하는 것을 말한다.

▶ 교재 p.56

06 다음 중 대수선에 해당되지 않는 것은?
① 벽면적을 20m² 이상 수선 또는 변경하는 것
② 기둥을 3개 이상 수선 또는 변경하는 것
③ 보를 3개 이상 수선 또는 변경하는 것
④ 지붕틀을 3개 이상 수선 또는 변경하는 것

해설 벽면적을 30m² 이상 수선 또는 변경하는 것이다.

▶ 교재 p.56

07 대수선의 범위에 해당하지 않는 것은?
① 보를 증설 또는 해체하거나 3개 이상 수선 또는 변경하는 것
② 내력벽을 증설 또는 해체하거나 그 벽면적을 30m² 이상 수선 또는 변경하는 것
③ 건축물의 외벽에 사용하는 마감 재료를 증설 또는 해체하는 것
④ 옥외계단을 증설 또는 해체하거나 수선 또는 변경하는 것

해설 옥외계단을 증설 또는 해체하거나 수선 또는 변경하는 것은 대수선의 범위에 포함되지 않는다. 주계단, 피난계단 또는 특별피난계단을 증설 또는 해체하거나 수선 또는 변경하는 것이 해당된다.

▶ 교재 p.56

08 다음 중 대수선에 해당하지 않는 것은?
① 미관지구에서 건축물의 담장을 변경하는 것
② 한옥 서까래를 증설 또는 해체하는 것
③ 다가구주택의 가구 간 경계벽을 증설 또는 해체하는 것
④ 특별피난계단을 증설 또는 해체하는 것

해설 한옥 서까래는 **지붕틀의 범위에서 제외**되므로 한옥 서까래를 증설 또는 해체하는 것은 대수선에 해당하지 않는다.

▶ 교재 p.56

09 건축법에 따른 대수선에 해당하지 않는 것은?
① 주계단, 피난계단을 수선 또는 변경하는 것
② 보를 3개 이상 수선 또는 변경하는 것
③ 기둥을 2개 이상 수선 또는 변경하는 것
④ 지붕틀을 3개 이상 수선 또는 변경하는 것

해설 기둥을 3개 이상 수선 또는 변경하는 것이 대수선에 해당한다.

정답 06.① 07.④ 08.② 09.③

10

㉠~㉣ 건축물의 주요 구조부를 다음과 같이 수선 또는 변경하였다. 이 중 대수선에 해당하는 것을 모두 고른 것은?

건물명	내력벽	기둥	보	지붕틀
㉠	–	1개	–	2개
㉡	–	–	–	3개
㉢	30m²	1개	2개	–
㉣	25m²	1개	2개	1개

① ㉠, ㉡ ② ㉢, ㉣
③ ㉡, ㉢ ④ ㉠, ㉣

[해설] ㉡ 지붕틀 3개를 수선 또는 변경하는 경우 대수선에 해당한다.
㉢ 내력벽 30m²를 수선 또는 변경하는 경우 대수선에 해당한다.

11

건축법상 관련기관의 허가, 인가 등을 받아야 하는 행위가 아닌 것은?

① 다가구주택의 가구 간에 경계벽을 설치하여 새로운 세대를 만드는 경우
② 건축물의 외벽에 마감재료를 증설하는 경우
③ 방화구획을 위한 벽을 증설하는 경우
④ 옥외계단을 증설하는 경우

[해설] 건축물을 건축하거나 대수선하려는 자는 특별자치시장·특별자치도지사 또는 시장·군수·구청장의 허가를 받아야 한다. 주계단·피난계단 또는 특별피난계단을 증설 또는 해체하거나 수선 또는 변경하는 것은 대수선에 해당되어 허가를 받아야 하지만 옥외계단을 증설하는 것은 대수선에 해당되지 않아 허가를 받지 않아도 된다.

12

다음 중 내화구조에 대한 설명으로 옳지 않은 것은?

① 화재에 견딜 수 있는 성능을 가진 철근콘크리트조·연와조 기타 이와 유사한 구조를 말한다.
② 화재 시에 일정시간 동안 형태나 강도 등이 크게 변하지 않는 구조를 말한다.
③ 인접건축물 화재에 의한 연소방지와 건물 내에 화재확산을 방지하기 위한 구조이다.
④ 대체로 화재 후에도 재사용이 가능한 정도의 구조를 말한다.

[해설] 인접건축물 화재에 의한 연소방지와 건물 내에 화재확산을 방지하기 위한 구조는 방화구조이다.

정답 10.③ 11.④ 12.③

▶ 교재 p.53~57

13 다음 중 건축관계법령에 따른 내용으로 옳지 않은 것은?

① 거실이란 건축물 안에서 거주, 집무, 작업, 집회, 오락 등의 목적을 위하여 사용되는 방을 말한다.
② 지하층이란 건축물의 바닥이 지표면 아래에 있는 층으로서 그 바닥으로부터 지표면까지의 평균 높이가 해당 층 높이의 1/2 이상인 것을 말한다.
③ 내화구조란 철망모르타르바르기·회반죽바르기 등 화염의 확산을 막을 수 있는 성능을 가진 구조를 말한다.
④ 주요구조부란 건축물의 구조상 주요 부분인 내력벽·기둥·바닥·보·지붕틀 및 주계단을 말한다.

해설 내화구조란 화재에 견딜 수 있는 성능을 가진 철근콘크리트조·연와조 기타 이와 유사한 구조로서 화재 시 일정시간 동안 형태나 강도 등이 크게 변하지 않는 구조를 말한다. ④는 방화구조에 대한 내용이다.

▶ 교재 p.58

14 다음 〈보기〉에서 설명하는 것은?

―― 보기 ――
건축물의 각층 또는 그 일부로서 벽·기둥 기타 이와 유사한 구획의 중심선으로 둘러싸인 부분의 수평투영면적

① 건축면적 ② 바닥면적
③ 연면적   ④ 건폐율

해설 건축물의 각층 또는 그 일부로서 벽·기둥 기타 이와 유사한 구획의 중심선으로 둘러싸인 부분의 수평투영면적을 바닥면적이라고 한다.

▶ 교재 p.58

15 다음 중 면적의 산정에 대한 설명으로 틀린 것은?

① 연면적 – 하나의 건축물의 각층의 바닥면적의 합계로 한다.
② 건폐율 – 대지면적에 대한 건축면적의 비율을 말한다.
③ 용적률 – 대지면적에 대한 연면적의 비율을 말한다.
④ 바닥면적 – 건축물의 외벽의 중심선으로 둘러싸인 부분의 수평투영면적으로 한다.

해설 바닥면적이란 건축물의 각층 또는 그 일부로서 벽·기둥 기타 이와 유사한 구획의 중심선으로 둘러싸인 부분의 수평투영면적으로 한다.

정답 13.③ 14.② 15.④

16 용적률 산정 시 연면적에서 제외되는 것이 아닌 것은?

① 지하층의 면적
② 건축면적의 1/8을 초과하는 옥탑의 면적
③ 건축물의 경사지붕아래 설치하는 대피공간의 면적
④ 피난안전구역의 면적

해설 용적률 산정 시 연면적에서 제외되는 것은 지하층의 면적과 지상층의 주차용(당해 건축물의 부속용도인 경우에 한한다)으로 사용되는 면적, 초고층 건축물과 준초고층 건축물에 설치하는 피난안전구역 면적, 건축물의 경사지붕아래 설치하는 대피공간의 면적이다.

17 다음 건축물의 평면도 및 입면도에서 건축법령상 면적의 산정내역으로 옳은 것은?

	연면적	건축면적	용적률	건폐율
①	100m²	75m²	50.0%	37.5%
②	125m²	75m²	62.5%	37.5%
③	125m²	75m²	50.0%	37.5%
④	100m²	50m²	62.5%	25.0%

해설 ㉠ 연면적은 바닥면적의 합계인데 바닥면적 산정에서 필로티는 제외된다. 따라서 1층 바닥면적은 2층과 똑같이 10m × 5m = 50m² 따라서 연면적은 (10m × 5m) + (10m × 5m) = 100m²이다.
㉡ 건축면적은 15m × 5m = 75m²이다.
㉢ 용적률은 100m² ÷ 200m² × 100 = 50.0%이다.
㉣ 건폐율은 75m² ÷ 200m² × 100 = 37.5%이다.

바닥면적 산정 시 필로티는 제외되는 것을 꼭 기억해야 한다. 그에 더하여 바닥면적 산정 시에는 포함되는 해당 건축물 부속용도로 사용되는 지상주차장도 용적률 산정 시에는 제외되는 되는 것도 기억해야 한다.

▶ 교재 p.59

18 다음 〈보기〉의 ( ) 안에 들어갈 내용을 알맞게 짝지은 것은?

|보기|
- 옥상부분으로서 그 수평투영면적의 합계가 당해 건축물의 ( )인 경우로서 그 부분의 높이가 ( )를 넘는 부분만 높이에 산입하고 옥상부분 면적이 ( )을 넘으면 그 높이의 전부를 건축물 높이에 산입한다.
- 옥상돌출물과 난간벽[그 벽면적의 ( )이 공간으로 된 것에 한함]은 해당 건축물 높이에 산입하지 않는다.

① 1/9 이하, 10m, 1/9, 1/3 이상 ② 1/8 이하, 12m, 1/8, 1/2 이상
③ 1/7 이하, 14m, 1/7, 1/3 이상 ④ 1/6 이하, 16m, 1/6, 1/2 이상

해설
- 옥상부분으로서 그 수평투영면적의 합계가 해당 건축물의 **1/8 이하**인 경우로서 그 부분의 높이가 **12m**를 넘는 부분만 높이에 산입하고 옥상부분 면적이 **1/8**을 넘으면 그 높이의 전부를 건축물 높이에 산입한다.
- 옥상돌출물과 난간벽(그 벽면적의 **1/2 이상**이 공간으로 된 것에 한함)은 해당 건축물 높이에 산입하지 않는다.

▶ 교재 p.59~60

19 다음 중 건축물의 높이 및 층수 산정에 대한 설명으로 옳은 것은?

① 지하층은 층수 산정에 포함한다.
② 건축물의 높이는 최하 지하층 바닥부터 해당 건축물 상단까지의 높이로 한다.
③ 층의 구분이 명확하지 아니한 건축물은 높이 3m마다 하나의 층으로 산정한다.
④ 건축물의 부분에 따라 층수를 달리하는 경우에는 그 중에서 가장 많은 층수를 그 건축물의 층수로 본다.

해설
① 지하층은 층수 산정에 포함하지 않는다.
② 건축물의 높이는 지표면으로부터 해당 건축물 상단까지의 높이로 한다.
③ 층의 구분이 명확하지 아니한 건축물은 높이 4m마다 하나의 층으로 산정한다.

▶ 교재 p.60

20 다음 중 층수산정에서 제외되는 것이 아닌 것은?

① 지하층
② 건축물의 승강기탑으로서 수평투영면적의 합계가 당해 건축물의 건축면적의 1/8 이하인 것
③ 건축물의 망루로서 수평투영면적의 합계가 당해 건축물의 건축면적의 1/8 이하인 것
④ 사업계획승인 대상 공동주택의 전용면적 90m² 이하의 경우 당해 건축물의 건축면적의 1/6 이하인 것

해설 사업계획승인 대상 공동주택의 전용면적 **85m² 이하**의 경우 당해 건축물의 건축면적의 1/6 이하인 것이 층수산정에서 제외되는 부분이다.

정답 18.② 19.④ 20.④

21

다음 중 방화문 및 자동방화셔터에 대한 설명으로 옳지 않은 것은?

① 자동방화셔터의 상부가 상층 바닥에 직접 닿지 않는 경우 방화구획 처리를 하여 연기와 화염의 이동통로가 되지 않도록 하여야 한다.
② 자동방화셔터는 연기 및 열을 감지하여 자동적으로 닫히는 구조로 해야 한다.
③ 방화문은 언제나 닫힌 상태를 유지하거나, 화재발생 시 불꽃, 연기 및 열에 의하여 자동적으로 개방되는 구조로 해야 한다.
④ 방화문과 자동방화셔터는 차연성능·개폐성능을 갖춰야 한다.

해설 방화문은 언제나 닫힌 상태를 유지하거나, 화재발생 시 불꽃, 연기 및 열에 의하여 자동으로 닫힐 수 있는 구조로 해야 한다.

정답 21.③

○× 문제

01
지하층이란 건축물의 바닥이 지표면 아래에 있는 층으로서 그 바닥으로부터 지표면까지의 평균높이가 당해 층 높이의 1/3 이상인 것을 말한다. ○ ×

× 지하층이란 건축물의 바닥이 지표면 아래에 있는 층으로서 그 바닥으로부터 지표면까지의 평균높이가 당해 층 높이의 1/2 이상인 것을 말한다.

02
주요구조부란 건축물의 구조상 주요 골격부분인 내력벽·기둥·바닥·보·지붕틀·사잇기둥 및 주계단을 말한다. ○ ×

× 주요구조부란 건축물의 구조상 주요 골격부분인 내력벽·기둥·바닥·보·지붕틀 및 주계단을 말한다.

03
부속건축물만 있는 대지에 새로이 주된 건축물을 축조하는 것은 증축에 해당한다. ○ ×

× 부속건축물만 있는 대지에 새로이 주된 건축물을 축조하는 것도 신축에 해당한다.

04
기존 건축물이 있는 대지에 담장을 축조하는 것은 증축에 해당하지 않는다. ○ ×

× 건축물에 부수되는 시설은 건축물에 해당되기 때문에 기존 건축물이 있는 대지에 담장을 축조하는 것은 증축에 해당한다.

05
기존 건축물의 내력벽·기둥·보·지붕틀 중 3개 이상을 해체하고 그 대지 안에 종전과 동일한 규모의 범위 안에서 건축물을 다시 축조하는 것은 개축에 해당한다. ○ ×

○

06
개축과 재축은 다 같이 다시 축조하는 점은 같으나, 재축은 자의 또는 기타 행위에 의하여 건축물을 해체하고 다시 축조하는데 반하여 개축은 재해에 의해 멸실된 건축물을 다시 축조하는 점이 다르다. ○ ×

× 개축과 재축은 다 같이 다시 축조하는 점은 같으나, 개축은 자의 또는 기타 행위에 의하여 건축물을 철거하고 다시 축조하는데 반하여 재축은 재해에 의해 멸실된 건축물을 다시 축조하는 점이 다르다.

07
내력벽을 증설 또는 해체하거나 그 벽면적을 20m² 이상 수선 또는 변경하는 것은 대수선에 해당한다. ○ ×

× 내력벽을 증설 또는 해체하거나 그 벽면적을 30m² 이상 수선 또는 변경하는 것은 대수선에 해당한다.

08
건축물의 각층 또는 그 일부로서 벽·기둥 기타 이와 유사한 구획의 중심선으로 둘러싸인 부분의 수평투영면적을 건축면적이라 한다. ○ ×

× 건축물의 각층 또는 그 일부로서 벽·기둥 기타 이와 유사한 구획의 중심선으로 둘러싸인 부분의 수평투영면적을 바닥면적이라 한다.

09
층의 구분이 명확하지 아니한 건축물은 높이 4m마다 하나의 층으로 산정한다. ○ ×

○

PART 01 종합문제

01 소방관계법령에 대한 설명으로 옳은 것은?

① 소방기본법상 관계인은 소방대상물의 소유자·관리자 또는 시공자를 말한다.
② 소방관서장은 화재안전조사의 조사대상, 조사기간 및 조사사유 등 조사계획을 소방관서의 홈페이지나 전산시스템을 통해 14일 이상 공개해야 한다.
③ 소방관서장은 소화 활동에 지장을 줄 수 있다고 인정되는 물건 등을 보관하는 경우에는 그 날부터 14일 동안 해당 소방관서의 인터넷 홈페이지에 그 사실을 공고해야 한다.
④ 관리업자등은 자체점검을 실시한 경우에는 그 점검이 끝난 날부터 14일 이내에서 소방시설등 자체점검 결과 보고서에 소방시설등점검표를 첨부하여 관계인에게 제출해야 한다.

해설 ① 소방기본법상 관계인은 소방대상물의 소유자·관리자 또는 **점유자**를 말한다.
② 소방관서장은 화재안전조사의 조사대상, 조사기간 및 조사사유 등 조사계획을 소방관서의 홈페이지나 전산시스템을 통해 **7일** 이상 공개해야 한다.
④ 관리업자등은 자체점검을 실시한 경우에는 그 점검이 끝난 날부터 **10일** 이내에서 소방시설등 자체점검 결과 보고서에 소방시설등점검표를 첨부하여 관계인에게 제출해야 한다.

02 소방관계법령에 대한 설명으로 옳지 않은 것은?

① 소방대장은 소방본부장 또는 소방서장 등 화재, 재난·재해, 그 밖의 위급한 상황이 발생한 현장에서 소방대를 지휘하는 사람을 말한다.
② 한국소방안전원은 방염처리 물품의 성능검사 실시기관이다.
③ 누구든지 화재예방강화지구에서 모닥불, 흡연 등 화기의 취급을 해서는 안 된다.
④ 소방본부장 또는 소방서장은 불시 소방훈련·교육 실시 10일 전까지 불시 소방훈련·교육 계획서를 관계인에게 통지해야 한다.

해설 방염처리 물품에 대한 성능검사 실시 기관은 선처리물품의 경우 한국소방산업기술원, 현장처리물품의 경우 시·도지사(관할소방서장)가 실시기관이다.

정답 01.③ 02.②

03 소방관계법령에 대한 설명으로 옳지 않은 것은?

① 소방기본법상 관계인은 소방대상물의 소유자·관리자 또는 점유자를 말한다.
② 화재예방안전진단은 화재가 발생할 경우 사회·경제적으로 피해 규모가 클 것으로 예상되는 소방대상물에 대하여 화재위험요인을 조사하고 그 위험성을 평가하여 개선대책을 수립하는 것을 말한다.
③ 소화설비, 경보설비, 피난구조설비, 소화용수설비, 그 밖에 소화활동설비로서 대통령령으로 정하는 것을 소방시설이라 한다.
④ 피난시설은 계단(직통계단·피난계단 등), 복도, 출입구(비상구 포함), 제연설비, 그 밖의 피난시설(옥상광장, 피난안전구역, 피난용 승강기 및 승강장 등)을 말한다.

해설 제연설비는 피난시설에 포함되지 않는다.

04 다음은 소방관계법령에 관한 설명으로 옳은 것을 모두 고르면?

㉠ 소방기본법은 화재의 예방 및 안전관리에 필요한 사항을 규정함으로써 화재로부터 국민의 생명·신체 및 재산을 보호하고 공공의 안전과 복리 증진에 이바지함을 목적으로 한다.
㉡ 화재예방강화지구란 소방관서장이 화재발생 우려가 크거나 화재가 발생할 경우 피해가 클 것으로 예상되는 지역에 대하여 화재의 예방 및 안전관리를 강화하기 위해 지정·관리하는 지역을 말한다.
㉢ 소방대상물은 건축물, 차량, 바다에서 운행중인 선박, 선박 건조 구조물, 산림, 그 밖의 인공구조물 또는 물건을 말한다.
㉣ 단독주택 및 공동주택(아파트 및 기숙사 포함)의 소유자는 소화기 및 단독경보형 감지기를 설치할 수 있다.

① ㉠, ㉡
② ㉠, ㉢
③ ㉠, ㉡, ㉢, ㉣
④ 없음

해설 옳은 것이 없다.
㉠ **화재의 예방 및 안전관리에 관한 법률**은 화재의 예방과 안전관리에 필요한 사항을 규정함으로써 화재로부터 국민의 생명·신체 및 재산을 보호하고 공공의 안전과 복리 증진에 이바지함을 목적으로 한다.
▶ **소방기본법의 목적**

> 화재를 예방·경계하거나 진압하고 화재, 재난·재해, 그 밖의 위급한 상황에서의 구조·구급 활동 등을 통하여 국민의 생명·신체 및 재산을 보호함으로써 공공의 안녕 및 질서 유지와 복리증진에 이바지함을 목적으로 한다.

㉡ 화재예방강화지구란 **시·도지사**가 화재발생 우려가 크거나 화재가 발생할 경우 피해가 클 것으로 예상되는 지역에 대하여 화재의 예방 및 안전관리를 강화하기 위해 지정·관리하는 지역을 말한다.
㉢ 항구에 매어둔 선박만 해당되고, 바다에서 **운행 중인 선박은 제외**된다.
㉣ 단독주택 및 공동주택(아파트 및 기숙사 **제외**)의 소유자는 소화기 및 단독경보형 감지기를 설치**하여야 한다**.

05 다음은 소방관계법령에 관한 설명으로 옳지 않은 것을 모두 고르면?

㉠ 소방기본법은 화재를 예방·경계하거나 진압하고 화재, 재난·재해, 그 밖의 위급한 상황에서의 구조·구급 활동 등을 통하여 국민의 생명·신체 및 재산을 보호함으로써 공공의 안녕 및 질서 유지와 복리증진에 이바지함을 목적으로 한다.
㉡ 소방본부장은 인명구조, 화재확산방지를 위해 필요한 경우라도 관계인의 허락 없이는 당해 소방대상물 및 토지의 일시적 사용(또는 사용의 제한) 및 소방 활동에 필요한 처분을 강제할 수 없다.
㉢ 소방관서장은 화재 발생 위험이 큰 물건의 소유자 등을 알 수 없는 경우 소속공무원으로 하여금 임의로 옮기거나 보관하게 할 수 없다.
㉣ 소방관서장은 소화 활동에 지장을 줄 수 있다고 인정되는 물건 등을 보관하는 경우에는 그 날부터 14일 동안 해당 소방관서의 인터넷 홈페이지에 그 사실을 공고해야 한다.
㉤ 소방대상물은 건축물, 차량, 바다에서 운행중인 선박, 선박 건조 구조물, 산림, 그 밖의 인공구조물 또는 물건을 말한다.

① ㉡, ㉢, ㉣, ㉤
② ㉠, ㉤
③ ㉡, ㉢, ㉤
④ ㉡, ㉣

해설 옳지 않은 것은 ㉡㉢㉤이다.
㉡ 소방본부장은 인명구조, 화재확산방지를 위해 필요한 경우에는 관계인의 허락 없이도 당해 소방대상물 및 토지의 일시적 사용(또는 사용의 제한) 및 소방 활동에 필요한 처분을 강제할 수 **있다**.
㉢ 소방관서장은 화재 발생 위험이 큰 물건의 소유자 등을 알 수 없는 경우에도 소속공무원으로 하여금 임의로 옮기거나 보관하게 할 수 **있다**.
㉤ 항구에 매어둔 선박만 해당되고, 바다에서 **운행 중인 선박은 제외**된다.

정답 05.③

06 상중하

다음은 ○○건물의 건축물 정보이다. 이를 참고하여 소방시설 등 자체점검 실시결과 보고서의 소방안전정보 부분에 "✔" 표시를 잘못한 것을 고르시오.

[건축물 정보]

건축허가일	2017년 5월 4일
사용승인일	2020년 6월 13일
연면적	23,500m²
층수	지상 6층 / 지하 2층
용도	업무시설
소방시설	자동화재탐지설비, 옥내소화전설비, 스프링클러설비 등

[소방안전정보]

※ [ ]에는 해당되는 곳에 ✔표기를 합니다.

소방안전관리등급	[ ]특급, ① [✔]1급, [ ]2급, [ ]3급
소방안전관리자	[ ]소방안전관리자자격증 ② [✔]업무대행감독
자체점검	작동점검 (③ [✔]실시 [ ]미실시)
	종합점검 (④ [✔]실시 [ ]미실시)

해설 ② 업무대행을 할 수 있는 소방안전관리대상물은 지상층의 층수가 11층 이상인 1급 소방안전관리대상물과 2급 및 3급 소방안전관리대상물이다. 다만 층수가 11층 이상인 1급 소방안전관리대상물 중 **연면적 15,000m² 이상인 특정소방대상물**과 아파트는 **제외**되므로 연면적이 23,500m²인 동 건축물은 업무대행을 할 수 없다.
① 동 건물의 연면적이 23,500m²이므로 1급 소방안전관리대상물이 맞다.
③ 자동화재탐지설비가 설치되어 있는 특정소방대상물이므로 작동점검 대상이 맞다.
④ 스프링클러설비가 설치되어 있는 특정소방대상물이므로 종합점검 대상이 맞다.

정답 06.②

2급 소방안전관리자 기출예상문제집

제1과목

PART 02

소방학개론

CHAPTER 01 연소이론

▶ 교재 p.72

01 가연성 물질의 구비조건으로 옳은 것은?

① 연소열이 작다.
② 열전도율이 작다.
③ 건조도가 낮다.
④ 산소와의 친화력이 작다.

해설 ① 연소열이 크다.
③ 건조도가 높다.
④ 산소와의 친화력이 크다.

▶ 교재 p.72

02 가연물의 구비조건에 대한 내용으로 옳은 것을 모두 고르면?

㉠ 산소화의 친화력이 큰 물질이 가연물로서 적합하다.
㉡ 활성화에너지가 작은 물질이 쉽게 착화된다.
㉢ 표면적이 큰 물질이어야 한다.
㉣ 열전도율이 큰 물질이어야 한다.

① ㉠
② ㉠, ㉡
③ ㉠, ㉡, ㉢
④ ㉠, ㉡, ㉢, ㉣

해설 옳은 것은 ㉠㉡㉢이다.
㉣ 열전도율이 작은 물질이어야 한다.

▶ **가연물의 구비조건**

ⓐ 화학반응을 일으킬 때 필요한 활성화에너지(최소점화에너지)의 값이 작아야 한다.
ⓑ 일반적으로 산화되기 쉬운 물질로서 산소와 결합할 때 발열량이 커야 한다.
ⓒ 열의 축적이 용이하도록 열전도도가 작아야 한다.
ⓓ 지연성(조연성) 가스인 산소·염소와의 친화력이 강해야 한다.
ⓔ 산소와 접촉할 수 있는 표면적(비교면적)이 큰 물질이어야 한다(기체 > 액체 > 고체).
ⓕ 연쇄반응을 일으킬 수 있는 물질이어야 한다.

정답 01.② 02.③

▶ 교재 p.71~74

03 연소의 3요소에 해당하는 것을 알맞게 짝지은 것은?

	가연물	산소공급원	점화에너지
①	목탄	제1류 위험물	화염
②	아르곤	제2류 위험물	나화
③	헬륨	제4류 위험물	전기불꽃
④	이산화탄소	제5류 위험물	열면

해설 ②, ③, ④에서 아르곤, 헬륨, 이산화탄소는 모두 가연물에 해당하지 않는다. 위험물 중 제1류와 제6류는 각각 산화성 고체, 산화성 액체로 산소공급원이 될 수 있다. 화염, 나화, 전기불꽃, 열면은 모두 점화에너지로 작용한다.

▶ 교재 p.72~73

04 다음 중 성질이 다른 하나는?

① 질산 ② 과망가니즈산염류
③ 다이크로뮴산염류 ④ TNT

해설 ①, ②, ③은 산소공급원에 속한다. TNT는 제5류 위험물에 속한다.

▶ 교재 p.72

05 다음 중 불연성물질만 고른 것은?

┌─────────────────────────┬─────────────────┐
│ ㉠ 헬륨, 네온, 아르곤   │ ㉡ 물, 이산화탄소 │
│ ㉢ 질소 또는 질소산화물   │ ㉣ 돌, 흙   │
└─────────────────────────┴─────────────────┘

① ㉠ ② ㉠, ㉡
③ ㉠, ㉡, ㉢ ④ ㉠, ㉡, ㉢, ㉣

해설 ㉠은 불활성기체, ㉡은 산소와 화학반응을 일으킬 수 없는 물질, ㉢은 산소와 화합하여 흡열반응을 일으키는 물질, ㉣은 자체가 연소하지 않는 물질로 모두 불연성물질이다.

▶ 교재 p.73

06 다음 중 산화성물질에 해당하지 않는 것은?

① 과염소산염류 ② 무기과산화물
③ 질산 ④ 셀룰로이드

해설 산화성물질에는 염소산염류, 과염소산염류, 무기과산화물, 질산염류, 과망가니즈산염류, 다이크로뮴산염류 등과 과염소산, 과산화수소, 질산 등이 있다.

정답 03.① 04.④ 05.④ 06.④

07 다음 중 자기반응성 물질이 아닌 것은?

① 나이트로글리세린(NG) ② 과산화물
③ 트리나이트로톨루엔(TNT) ④ 셀룰로이드

해설 자기반응성 물질은 나이트로글리세린(NG), 셀룰로이드, 트리나이트로글리세린(TNT) 등이 있다.

08 다음 중 정전기를 방지하기 위한 예방책으로 옳지 않은 것은?

① 정전기 발생이 우려되는 장소에 접지시설을 한다.
② 실내의 공기를 이온화한다.
③ 습도를 50% 이상으로 한다.
④ 전도체 물질을 사용한다.

해설 습도를 70% 이상으로 한다.

09 다음 액체가연물질에서 인화점이 가장 낮은 것은?

① 휘발유 ② 메틸알코올
③ 등유 ④ 에틸알코올

해설 휘발유는 인화점이 −43℃로 가장 낮다.

10 다음 중 아세톤의 인화점으로 알맞은 것은?

① −45℃ ② −30℃
③ −18.5℃ ④ −4℃

해설 아세톤의 인화점은 −18.5℃이다.

정답 07.② 08.③ 09.① 10.③

11 다음 액체가연물질 중 인화점이 가장 높은 것은?

① 아세톤 ② 중유
③ 등유   ④ 메틸알코올

[해설] 중유의 인화점은 70℃ 이상으로 가장 높다.

12 다음 중 인화점에 대한 내용으로 옳지 않은 것은?

① 인화점은 공기 중에 가연물 가까이 점화원을 투여하였을 때 착화되는 최저의 온도를 말한다.
② 인화현상은 액체와 고체에서 볼 수 있다.
③ 인화현상은 액체와 고체 모두 증발과정으로 이해할 수 있다.
④ 액체의 경우 인화에 필요한 에너지가 고체에 비해 적다.

[해설] 인화현상은 고체의 경우는 열분해과정으로, 액체의 경우는 증발과정으로 이해할 수 있다.

13 다음 중 발화점이 가장 낮은 것은?

① 등유   ② 메틸알코올
③ 휘발유 ④ 중유

[해설] 등유의 발화점은 210℃이고, 메틸알코올, 휘발유, 중유의 발화점은 각각 464℃, 280~456℃, 400℃ 이상이다.

14 다음 중 암모니아의 발화점으로 맞은 것은?

① 180℃ ② 429℃
③ 609℃ ④ 651℃

[해설] 암모니아의 발화점은 651℃이다.

[정답] 11.② 12.③ 13.① 14.④

15. 다음 중 발화점에 대한 내용으로 옳지 않은 것은?

① 발화점은 보통 인화점보다 수 백도가 높다.
② 산소와의 친화력이 작은 물질일수록 발화점이 낮다.
③ 고체 가연물의 발화점은 가열공기의 유량, 가열속도 등에 따라 달라진다.
④ 화재진화 후 잔화정리를 할 때 계속 물을 뿌려 냉각시키는 것은 발화점 이상으로 가열된 건축물이 다시 연소되는 것을 막기 위한 것이다.

해설 산소와의 친화력이 큰 물질일수록 발화점이 낮다.

16. 다음 중 아세톤의 발화점으로 맞는 것은?

① 34℃
② 800℃
③ 223℃
④ 465℃

해설 아세톤의 발화점은 465℃이다.

17. 다음 ( ) 안에 들어갈 말로 알맞게 짝지은 것은?

> 연소점이란 연소상태가 계속될 수 있는 온도를 말하며 일반적으로 인화점보다 ( ) 정도 높은 온도로서 연소상태가 ( ) 이상 유지될 수 있는 온도이다.

① 5℃, 3초
② 10℃, 5초
③ 15℃, 7초
④ 20℃, 10초

해설 연소점이란 연소상태가 계속될 수 있는 온도를 말하며 일반적으로 인화점보다 10℃ 정도 높은 온도로서 연소상태가 5초 이상 유지될 수 있는 온도이다.

18. 다음 중 등유의 연소범위 내에 해당하는 것은?

① 4vol%
② 7vol%
③ 9.8vol%
④ 12vol%

해설 등유의 연소범위는 0.7~5vol%이다.

정답 15.② 16.④ 17.② 18.①

▶ 교재 p.77

19 다음 중 휘발유의 연소범위 내에 해당하는 것은?

① 0.4vol% ② 3vol%
③ 8vol% ④ 9.8vol%

해설 휘발유의 연소범위는 1.2~7.6vol%이다.

▶ 교재 p.77

20 다음 중 연소범위가 가장 넓은 물질은?

① 수소 ② 암모니아
③ 아세틸렌 ④ 휘발유

해설 아세틸렌의 연소범위는 2.5~81(vol%)로 연소범위가 가장 넓다.

▶ 가연성증기의 연소범위

기체 또는 증기	연소범위(vol%)	기체 또는 증기	연소범위(vol%)
수소	4.1~75	메틸알코올	6~36
아세틸렌	2.5~81	암모니아	15~25
중유	1~5	아세톤	2.5~12.8
등유	0.7~5	휘발유	1.2~7.6

▶ 교재 p.75~76

21 연소용어에 대한 설명으로 틀린 것은?

① 발화점은 외부로부터의 직접적인 에너지 공급 없이 착화가 되는 최고온도를 말한다.
② 인화점은 낮을수록 위험하다.
③ 연소점은 일반적으로 인화점보다 대략 10℃ 정도 높다.
④ 점화에너지를 제거하여도 5초 이상 연소상태가 유지되는 온도를 연소점이라 한다.

해설 발화점은 외부로부터의 직접적인 에너지 공급 없이 착화가 되는 **최저온도**를 말한다.

정답 19.② 20.③ 21.①

PART 02 소방학개론

▶ 교재 p.75~77

22 상중하
다음은 연소의 특성에 대한 설명이다. 옳지 않은 것을 모두 고른 것은?

> ㉠ 연소범위에서 외부의 직접적인 점화원에 의해 인화될 수 있는 최저온도를 '발화점'이라고 한다.
> ㉡ 외부의 직접적인 점화원 없이 가열된 열 축적에 의하여 착화되는 최저온도를 '인화점'이라고 한다.
> ㉢ 연소상태가 계속될 수 있는 온도를 '착화점'이라고 한다.
> ㉣ 연소점은 일반적으로 인화점보다 10℃ 높다.

① ㉠
② ㉠, ㉡
③ ㉠, ㉡, ㉢
④ ㉠, ㉡, ㉢, ㉣

해설
㉠ × 연소범위에서 외부의 직접적인 점화원에 의해 인화될 수 있는 최저온도를 '인화점'이라고 한다.
㉡ × 외부의 직접적인 점화원 없이 가열된 열 축적에 의하여 착화되는 최저온도를 '발화점'이라고 한다.
㉢ × 연소상태가 계속될 수 있는 온도를 '연소점'이라고 한다.
㉣ ○ 연소점은 일반적으로 인화점보다 10℃ 높다.

정답 22.③

O× 문제

01
가연물이 공기 중의 산소 또는 산화제와 반응하여 열과 빛을 발생하면서 산화하는 현상을 연소라 한다. ○×

○

02
가연물질·산소공급원·화학적인 연쇄반응을 연소의 3요소라 한다. ○×

× 가연물질·산소공급원·점화원을 연소의 3연소라 한다.

03
가연물질이 되기 위해서는 화학반응을 일으킬 때 필요한 활성화 에너지(최소 점화에너지)의 값이 커야 한다. ○×

× 가연물질이 되기 위해서는 화학반응을 일으킬 때 필요한 활성화 에너지(최소 점화에너지)의 값이 작아야 한다.

04
가연물질이 되기 위해서는 열의 축적이 용이하도록 열전도의 값이 작아야 한다. ○×

○

05
가연물이 되기 위해서는 지연성 가스인 염소와 친화력이 약해야 한다. ○×

× 지연성 가스인 염소와 친화력이 강해야 한다.

06
일반적으로 산소의 농도가 높을수록 연소는 잘 일어나고 일반가연물인 경우 산소농도 18% 이하에서는 연소가 어렵다. ○×

× 일반적으로 산소의 농도가 높을수록 연소는 잘 일어나고 일반가연물인 경우 산소농도 15% 이하에서는 연소가 어렵다.

07
산화제는 위험물 중 제1류·제4류 위험물로서 가열·충격·마찰에 의해 산소가 발생한다. ○×

× 산화제는 위험물 중 제1류·제6류 위험물로서 가열·충격·마찰에 의해 산소가 발생한다.

08
자기반응성 물질은 분자 내에 가연물과 산소를 충분히 함유하고 있는 제5류 위험물로서 연소속도가 빠르고 폭발을 일으킬 수 있는 물질이다. ○×

○

09
정전기를 방지하기 위해 습도를 50% 이상으로 한다. ○×

× 정전기를 방지하기 위해 습도를 70% 이상으로 한다.

제1장 연소이론 **77**

O×문제

10
에틸알코올의 인화점은 11℃이다. ○×

× 에틸알코올의 인화점은 13℃이다.

11
인화점은 보통 발화점보다 수 백도가 높은 온도이다. ○×

× 발화점은 보통 인화점보다 수 백도가 높은 온도이다.

12
메틸알코올의 발화점은 363℃이다. ○×

× 메틸알코올의 발화점은 464℃이다.

13
연소점은 연소상태가 계속될 수 있는 온도를 말하며 일반적으로 인화점보다 대략 10℃ 정도 높은 온도로서 연소상태가 5초 이상 유지될 수 있는 온도이다. ○×

○

14
아세톤의 발화점은 651℃이다. ○×

× 아세톤의 발화점은 465℃이다.

15
아세틸렌의 연소범위는 2.5~81vol%이다. ○×

○

PART 02
CHAPTER 02 화재이론

▶ 교재 p.78~79

01 상중하
화재의 분류로 잘못된 것은?
① 목탄 – 일반화재 – A급 화재
② 중유 – 유류화재 – B급 화재
③ 메탄 – 일반화재 – C급 화재
④ 식물성유지 – 주방화재 – K급 화재

해설 메탄은 가스화재에 해당한다.

▶ 교재 p.78~79

02 상중하
다음 중 화재 분류로 연결이 바르지 않은 것은?

	대상물	화재분류	등급
①	폴리아크릴	일반화재	A급
②	중유	유류화재	B급
③	마그네슘	금속화재	C급
④	식물성유지	주방화재	K급

해설 마그네슘은 금속화재에 해당하나 등급이 D급 화재이다.

▶ 교재 p.79

03 상중하
다음 〈보기〉에서 설명하는 소화방법이 필요한 화재는?

| 보기 |
연소물의 표면을 차단하는 비누화 작용 및 가연물 자체의 온도를 발화점 이하로 빠르게 하강시켜 주는 냉각작용이 동시에 필요하다.

① B급 화재　　　　　　　　② C급 화재
③ D급 화재　　　　　　　　④ K급 화재

해설 연소물의 표면을 차단하는 비누화 작용 및 식용유(가연물) 자체의 온도를 발화점 이하로 빠르게 하강시켜 주는 냉각작용이 동시에 필요한 화재는 K급 화재이다.

정답 01.③　02.③　03.④

PART 02 소방학개론

▶ 교재 p.78

04 B급 화재의 특성으로 맞지 않는 것은?

① 연소열이 크고, 연소성이 좋기 때문에 일반화재보다 위험하다.
② 연소 후 재를 남기지 않는다.
③ 소화를 위해서는 포 등을 이용한 질식소화가 적응성이 있다.
④ 알코올 등의 수용성 액체는 일반포는 적응이 없으므로 알코올형포를 이용해야 한다.

해설 알코올 등의 수용성 액체는 일반포는 적응이 없으므로 내알코올형포를 이용해야 한다.

▶ 교재 p.79

05 다음 중 금속화재에 대한 내용으로 옳은 것은?

① 금속류 중 특히 가연성이 강한 것으로서 칼륨, 나트륨, 마그네슘, 알루미늄 등이 있다.
② 분말상보다는 괴상으로 존재할 때 가연성이 현저히 증가한다.
③ 물과 반응하여 산소를 발생시키는 것이 대부분이다.
④ 화재 시 수계소화약제(물, 포, 강화액)를 사용해서 진압한다.

해설 ② 괴상보다는 분말상으로 존재할 때 가연성이 현저히 증가한다.
③ 물과 반응하여 수소를 발생시키는 것이 대부분이다.
④ 화재 시 수계소화약제(물, 포, 강화액)를 사용해서는 안 된다.

▶ 교재 p.79~80

06 열전달에 대한 내용 중 옳은 것만 짝지은 것은?

㉠ 전도는 하나의 물체가 다른 물체와 직접 접촉하여 전달하는 열전달이다.
㉡ 대류는 기체 또는 액체와 같은 유체의 흐름에 의한 열전달 현상이다.
㉢ 복사는 화재 시 열 이동에 가장 적게 작용하는 열이동방식이다.

① ㉠, ㉡   ② ㉠, ㉢
③ ㉡, ㉢   ④ ㉠, ㉡, ㉢

해설 옳은 것은 ㉠㉡이다.
㉢ 복사는 화재 시 열 이동에 가장 크게 작용하는 열이동방식이다.

정답 04.④ 05.① 06.①

07 복사에 대한 설명으로 옳은 것끼리 모두 짝지은 것은?

㉠ 화재 시 열의 이동에 가장 크게 작용하는 열 이동방식이다.
㉡ 유체의 흐름에 의하여 열이 전달된다.
㉢ 열에너지를 파장의 형태로 계속적으로 방사한다.
㉣ 인접건물을 연소시키는 주원인이다.

① ㉠, ㉡
② ㉡, ㉢
③ ㉠, ㉢, ㉣
④ ㉡, ㉢, ㉣

해설 복사에 대해 옳게 설명한 것은 ㉠, ㉢, ㉣이다.

08 연기가 신체에 미치는 영향으로 잘못 설명된 것은?

① 시야를 감퇴하여 피난행동 및 소화활동을 저해한다.
② 연기성분 중 유독물의 발생으로 생명이 위험하다.
③ 정신적으로 긴장 또는 패닉현상에 빠지게 되는 2차적 재해의 우려가 있다.
④ 최근 건물화재의 특징은 연소 자체가 억제되어 소량의 연기입자 및 유독가스가 발생하는 특징이 있다.

해설 최근 건물화재의 특징은 방염(난연)처리된 물질을 사용하여 연소 그 자체는 억제되고 있지만 다량의 연기입자 및 유독가스를 발생하는 특징이 있다.

09 다음 중 플래시오버가 일어나는 시기는?

① 초기
② 성장기
③ 최성기
④ 감쇠기

해설 플래시오버는 성장기에 발생한다.

정답 07.③ 08.④ 09.②

○× 문제

01
생활주변에 가장 많이 존재하는 면화류, 고무, 목재 등 보통 가연물의 화재를 C급 화재라 한다. ○×

× 생활주변에 가장 많이 존재하는 면화류, 고무, 목재 등 보통 가연물의 화재를 A급 화재라 한다.

02
변압기, 배전반, 전열기, 전기장판 등 전기를 취급하고 있는 장소에서의 화재는 B급 화재이다. ○×

× 변압기, 배전반, 전열기, 전기장판 등 전기를 취급하고 있는 장소에서의 화재는 C급 화재이다.

03
복사란 하나의 물체가 다른 물체와 직접 접촉하여 전달되는 것이다. ○×

× 전도란 하나의 물체가 다른 물체와 직접 접촉하여 전달되는 것이다.

04
화재 시 열의 이동에 가장 크게 작용하는 열 이동방식은 전도이다. ○×

× 화재 시 열의 이동에 가장 크게 작용하는 열 이동방식은 복사이다.

05
질소성분을 갖고 있는 모사, 비단, 피혁 등의 연소물질의 연소생성가스는 질소산화물이다. ○×

× 질소성분을 갖고 있는 모사, 비단, 피혁 등의 연소물질의 연소생성가스는 시안화수소이다.

06
PVC, 방염수지, 플루오린화수지, 플루오린화수소 등의 할로겐화합물의 연소생성가스는 암모니아이다. ○×

× PVC, 방염수지, 플루오린화수지, 플루오린화수소 등의 할로겐화합물의 연소생성가스는 HF, HCL, HBr, 포스겐 등이다.

07
폴리스티렌(스티로폴) 등의 연소생성가스는 벤젠이다. ○×

○

08
연기는 수평방향으로 0.5~1m/sec 속도로 이동한다. ○×

○

09
실내온도가 급격히 상승하여 이후 천장 부근에 축적된 가연성 가스가 착화되면 실내 전체가 화염에 휩싸이는 것을 백드래프트라 한다. ○×

× 실내온도가 급격히 상승하여 이후 천장 부근에 축적된 가연성 가스가 착화되면 실내 전체가 화염에 휩싸이는 것을 플래시오버라 한다.

PART 02
CHAPTER 03 소화이론

▶ 교재 p.84~85

01 상 중 하

다음 중 소화방법과 원리에 대한 연결이 틀린 것은?

① 냉각소화 – 증발잠열
② 제거소화 – 가연물과 화원 격리
③ 억제소화 – 공기 중의 산소 농도를 15% 이하로 억제함
④ 질식소화 – 산소공급 차단

해설 억제소화는 연소반응을 중단시키는 원리로 소화하는 방법이다. 공기 중의 산소 농도를 15% 이하로 억제하는 것은 질식소화의 원리 중 하나이다.

▶ 교재 p.85

02 상 중 하

다음 소화방법 중 물리적 작용에 의한 소화가 아닌 것은?

① 연쇄반응의 중단에 의한 소화
② 화염의 불안정화에 의한 소화
③ 농도 한계에 의한 소화
④ 연소에너지 한계에 의한 소화

해설 연쇄반응의 중단에 의한 소화는 화학적 작용에 의한 소화이다.

▶ 교재 p.85

03 상 중 하

다음 중 화학적 작용에 의한 소화방법으로 옳은 것은?

① 목재 – 이산화탄소 소화기에 의한 소화
② 통전 중인 전기실 – 포소화
③ 경유 화재 – 포소화
④ 알코올 화재 – 할론 소화기에 의한 소화

해설 ①, ②, ③은 물리적 작용에 의한 소화방법이고, ④는 화학적 작용에 의한 소화방법이다.

정답 01.③ 02.① 03.④

04

소방대상물과 그 소화방법의 연결로 맞는 것은?

① 나트륨 – 분무주수 – 냉각소화
② 통전 중인 전자제품 – 포소화기 – 제거소화
③ 유류화재 – 폼(포)으로 덮음 – 질식소화
④ 산림화재 – 가연물 제거 – 억제소화

해설
① 나트륨 화재 시 분무주수는 물과 나트륨이 격렬하게 반응하므로 사용할 수 없는 소화방법이다.
② 통전 중인 전제품의 경우 감전을 유발할 수 있으므로 이산화탄소 소화기를 사용한 질식소화를 해야 한다.
④ 산림화재에서 가연물을 제거하는 것은 제거소화 방법이다.

05

다음 중 다른 소화방법과 다른 것은?

① 알코올 화재에서 물을 가하여 알코올 농도를 40% 이하로 떨어뜨려 소화하는 방법
② 탄진폭발 방지에 쓰이는 암분 살포
③ 유정화재를 폭약폭발에 의한 폭풍으로 끄는 것
④ 하론류에 의한 소화

해설 하론류에 의한 소화는 화학적 작용에 의한 소화이고, 나머지는 모두 물리적 작용에 의한 소화이다.

06

다음 중 다른 것과 소화방법이 다른 것은?

① 산불화재 시 진행 방향의 나무 제거
② 불연성 고체로 연소물을 덮은 방법
③ 가연물 직접 제거 및 파괴
④ 촛불을 입으로 불어 가연성 증기를 순간적으로 날려 보내는 방법

해설 ①③④는 제거소화 방법이고, ②는 질식소화 방법이다.

정답 04.③ 05.④ 06.②

07 다음 〈보기〉의 소화방법에 해당하는 것은?

―보기―
연소하고 있는 가연물로부터 열을 뺏어 착화온도 이하로 내려서 불을 끄는 방법이다.

① 불이 붙은 알코올램프의 뚜껑을 닫아서 소화하는 방법
② 젖은 담요를 덮어서 불을 끄는 방법
③ 가스화재에서 밸브를 잠금으로 연소를 중지시키는 방법
④ 화염에 소화수를 분사하여 불을 끄는 방법

해설 ①②는 질식소화, ③은 제거소화이다.
④는 냉각소화로 〈보기〉의 소화방법과 같다.

08 아래 기사내용과 관련된 소화방법은?

[○○소방서 차량화재 진압훈련]
이번에 실시한 훈련은 불연성 재질의 천으로 불이나 자동차를 덮어 소화하는 방법이다. 일반차량 화재에 대한 신속한 화재진압과 최근 급속하게 증가하는 전기자동차에서 발생하는 화재를 보다 효과적으로 대응하기 위한 방안 모색에 중점을 둔 훈련이다.

① 냉각소화   ② 억제소화
③ 제거소화   ④ 질식소화

해설 불연성 재질의 천으로 불이나 자동차를 덮어 불과 산소와의 접촉을 차단하여 소화하는 방법으로 질식소화에 해당한다.

정답 07.④ 08.④

PART 02 소방학개론

▶ 교재 p.84~85

09 화재에 따른 소화방법으로 가장 적합한 것은?

① 목조건물 화재 시 이산화탄소소화기로 억제소화한다.
② 경유탱크 화재 시 다량의 포(폼)를 방사하여 질식소화한다.
③ 칼륨 화재 시 다량의 물을 주수하여 냉각소화한다.
④ 통전 중인 변전실 화재 시 포소화기로 제거소화한다.

해설 ① 이산화탄소소화기를 사용하는 것은 냉각소화에 해당한다.
③ 칼륨 등 금속화재 시 다량의 물을 주수하면 화재가 오히려 커지게 된다.
④ 포소화기는 질식소화 방법이다.

정답 09.②

O× 문제

01
소화란 연소의 3요소인 가연물, 산소공급원, 점화원 전부를 제거하거나, 연쇄반응 인자의 전달을 차단하는 것이다.

× 소화란 연소의 3요소인 가연물, 산소공급원, 점화원 중 어느 하나 이상 또는 전부를 제거하거나, 연쇄반응 인자의 전달을 차단하는 것이다.

02
가스밸브의 폐쇄, 가연물 직접 제거 및 파괴는 소화방법 중 억제소화에 해당한다.

× 가스밸브의 폐쇄, 가연물 직접 제거 및 파괴는 소화방법 중 제거소화에 해당한다.

03
불연성 기체로 연소물을 덮는 방법은 소화방법 중 질식소화에 해당한다.

○

04
연소하고 있는 가연물로부터 열을 뺏어 연소물을 착화온도 이하로 내리는 것은 소화방법 중 냉각소화에 해당한다.

○

05
분말소화약제는 질식, 냉각효과를 가진다.

× 분말소화약제는 질식, 부촉매효과를 가진다.

06
할론소화약제는 질식, 부촉매, 냉각효과를 가진다.

○

2급 소방안전관리자 기출예상문제집

제1과목

PART 03

화재취급감독 및 화재위험작업 허가·관리

PART 03 화재취급감독 및 화재위험작업 허가·관리

▶ 교재 p.95~98

01 주요 화기취급작업에 대한 내용으로 옳은 것만 고른 것은?

㉠ 용접이란 주로 열을 통하여 두 금속을 용융시켜 물체(금속)을 접합하는 것을 말한다.
㉡ 용단이란 고체 금속을 절단하는 방법으로 금속 절단 부분에 산화 반응 등을 일으켜 그 열로 재료를 녹여서 절단하는 것을 말한다.
㉢ 아크용접 시 온도가 가능 높은 부분의 최고온도는 약 6,000℃에 이르며 일반적으로 3,500~5,000℃ 정도의 고열이 발생된다.
㉣ 가스용접 시 사용되는 가연성 가스로는 주로 아세틸렌(C_2H_2), 메탄(CH_4), 수소(H_2) 등이 사용된다.

① ㉠, ㉡
② ㉠, ㉢
③ ㉠, ㉡, ㉢
④ ㉠, ㉡, ㉢, ㉣

해설 ㉣ 가스용접 시 사용되는 가연성 가스로는 주로 아세틸렌(C_2H_2), 프로판(C_3H_8), 부탄(C_4H_{10}), 수소(H_2) 등이 사용된다.

▶ 교재 p.97~98

02 용접작업의 화재 위험성에 대한 내용으로 옳지 않은 것은?

① 용접작업 시에 작은 입자의 용적들이 비산하는 현상을 스패터 현상이라고 한다.
② 아크용접에서는 가스폭발, 아크 휨, 긴 아크 등일 경우 스패터 현상이 발생하게 된다.
③ 가스용접에서는 용접의 불꽃의 세기가 강할 경우 스패터 현상 발생율이 높아진다.
④ 용접 불티의 비산거리는 실내에서 무풍 시에는 약 10m 정도이다.

해설 용접 불티의 비산거리는 실내에서 무풍 시에는 약 11m 정도이다.

정답 01.③ 02.④

▶ 교재 p.97~98

03 용접(용단) 작업 시 비산불티의 특성으로 옳은 것만 짝지은 것은?

> ㉠ 용접(용단) 작업 시 수 천개의 비산된 불티 발생
> ㉡ 비산불티는 풍향, 풍속 등에 상관없이 비산거리는 동일
> ㉢ 비산불티는 약 1,600℃ 이상의 고온체이다.
> ㉣ 비산불티는 짧게는 작업과 동시에서부터 수 분 사이, 길게는 수 시간 이후에도 화재가능성이 있다.

① ㉠, ㉡
② ㉠, ㉡, ㉢
③ ㉠, ㉢, ㉣
④ ㉠, ㉡, ㉢, ㉣

[해설] ㉡ 비산불티는 풍향, 풍속 등에 의해 비산거리가 상이하다.

▶ 교재 p.99

04 용접·용단 작업 시 폭발의 주요발생원인이 아닌 것은?

① 역화
② 드럼통이나 탱크를 용접, 절단 시 잔류 가연성 증기
③ 토치나 호스에서 가스누설
④ 열을 받은 용접부분의 뒷면에 있는 가연물

[해설] 열을 받은 용접부분의 뒷면에 있는 가연물은 화재의 주요발생원인에 해당한다.

▶ 교재 p.100

05 화기취급작업의 일반적인 절차에서 안전조치에 해당하지 않는 것은?

① 가연물의 이동 및 보호조치
② 화재감시자 입회
③ 소방시설 작동 확인
④ 비상 시 행동요령 교육

[해설] 화재감시자 입회는 '작업·감독 절차'에 해당한다.

정답 03.③ 04.④ 05.②

PART 03 화재취급감독 및 화재위험작업 허가·관리

▶ 교재 p.101~102

06 다음 중 화재위험작업의 감독 등에 대한 내용으로 가장 거리가 먼 것은?

① 화재안전 감독자는 예상되는 화기작업 위치를 확정하고, 화기작업의 시작 전 작업현장의 화재안전조치의 상태 및 예방책을 확인한다.
② 화기작업 허가는 작업구역 내 게시하여, 해당 작업현장 내의 작업자와 관리자가 화기작업에 대한 사항을 인지할 수 있도록 한다.
③ 화재감시자는 화기작업이 종료되면 즉시 다른 구역으로 이동한다.
④ 화재감시자는 작업구역의 직상, 직하층에 대한 점검도 병행한다.

해설 작업완료 시 화재감시자는 해당 작업구역 내에 30분 이상 더 상주하면서 발화 및 착화발생 여부에 대한 감시를 진행한다.

정답 06.③

OX 문제

01
아크(Arc)는 청백색의 강렬한 빛과 열을 내는 것으로 온도가 가장 높은 부분은 5,000℃에 이른다.

✗ 아크(Arc)는 청백색의 강렬한 빛과 열을 내는 것으로 온도가 가장 높은 부분은 6,000℃에 이르고 일반적으로 3,500~5,000℃ 정도의 고열이 발생한다.

02
가스용접에 사용되는 가연성 가스로는 주로 아세틸렌(C_2H_2), 프로판(C_3H_8), 부탄(C_4H_{10}) 등이 사용된다.

○

03
용접 작업 시에 작은 입자의 용적들이 비산되는 현상, 즉 불티가 튀기는 현상을 스패터 현상이라고 한다.

○

04
용접(용단) 불티의 비산거리는 실내에서 무풍 시에는 약 10m 정도이며, 이러한 불티가 적열되었을 때의 온도는 600℃ 이상의 고온이다.

✗ 용접(용단) 불티의 비산거리는 실내에서 무풍 시에는 약 11m 정도이며, 이러한 불티가 적열되었을 때의 온도는 1,600℃ 이상의 고온이다.

05
발화원이 될 수 있는 비산불티의 크기의 직경은 약 0.1~1mm이다.

✗ 발화원이 될 수 있는 비산불티의 크기의 직경은 약 0.3~3mm이다.

06
비산 불티는 짧게는 작업과 동시에서부터 수 분 사이, 길게는 수 시간 이후에도 화재 가능성이 있다.

○

07
작업완료 시 화재감시자는 해당 작업구역 내에 10분 이상 더 상주하면서 발화 및 착화 발생 여부에 대한 감시를 진행한다.

✗ 작업완료 시 화재감시자는 해당 작업구역 내에 30분 이상 더 상주하면서 발화 및 착화 발생 여부에 대한 감시를 진행한다.

2급 소방안전관리자 기출예상문제집

제1과목

PART 04

위험물·전기·가스 안전관리

CHAPTER 01 위험물안전관리

PART 04

01 ▶교재 p.105

상중하

다음 ( ) 안에 들어갈 내용으로 맞는 것은?

> 위험물이란 ( ) 또는 ( ) 등의 성질을 가지는 것으로서 대통령령이 정하는 물품을 말한다.

① 발화성 또는 가연성
② 가연성 또는 점화성
③ 인화성 또는 발화성
④ 산화성 또는 점화성

해설 위험물이란 인화성 또는 발화성 등의 성질을 가지는 것으로서 대통령령이 정하는 물품을 말한다.

02 ▶교재 p.106

상중하

위험물의 지정수량으로 옳은 것만 고른 것은?

| ㉠ 질산 - 300kg | ㉡ 황 - 100kg |
| ㉢ 알코올류 - 1,000L | ㉣ 등유 - 1,000L |

① ㉠, ㉢
② ㉡, ㉢
③ ㉠, ㉡, ㉣
④ ㉠, ㉡, ㉢, ㉣

해설 ㉢ 알코올류는 400L이다.

03 ▶교재 p.106

상중하

위험물안전관리자에 대한 다음 내용 중 ( ) 안에 들어갈 알맞게 짝지은 것은?

- 제조소등의 관계인은 위험물안전관리자를 해임하거나 퇴직한 때에는 그 날부터 (㉠) 이내에 다시 선임하여야 한다.
- 제조소등의 관계인은 위험물안전관리자를 선임한 날로부터 (㉡) 이내에 소방본부장 또는 소방서장에게 신고하여야 한다.

① ㉠ 14일 ㉡ 30일
② ㉠ 30일 ㉡ 14일
③ ㉠ 7일 ㉡ 14일
④ ㉠ 14일 ㉡ 7일

해설 제조소등의 관계인이 위험물안전관리자를 해임하거나 퇴직한 때에는 그 날로부터 30일 이내에 다시 선임하여야 하고, 선임한 날로부터 14일 이내에 소방본부장 또는 소방서장에게 신고하여야 한다.

정답 01.③ 02.③ 03.②

▶ 교재 p.106

04
위험물안전관리자가 4월 6일에 그만둔 경우 선임한계일과 선임신고한계일로 맞는 것은? (단, 한달은 30일로 가정한다)

	선임한계일	선임신고한계일
①	월 20일	5월 6일
②	5월 6일	5월 20일
③	월 20일	5월 10일
④	5월 6일	5월 14일

해설 위험물안전관리자가 해임하거나 퇴임한 때에는 그 날로부터 30일 이내에 선임해야 하므로 5월 6일까지 선임해야 하고, 선임한 날로부터 14일 이내에 신고해야 하므로 5월 20일까지는 신고해야 한다.

▶ 교재 p.106

05
위험물안전관리자가 5월 4일에 해임되었을 경우 위험물안전관리자의 선임기한과 선임신고에 대한 내용으로 옳은 것은? (단, 한달은 30일로 가정한다)

	선임기한	선임신고
①	월 20일	선임한 날부터 14일
②	월 20일	선임한 날부터 30일
③	6월 4일	선임한 날부터 14일
④	6월 4일	선임한 날부터 30일

해설 제조소등의 관계인은 위험물안전관리자를 해임하거나 퇴직한 때에는 해임하거나 퇴직한 날로부터 30일 이내에 다시 선임하여야 하므로 6월 4일까지 선임해야 하고 선임한 날부터 14일 이내에 신고하여야 한다.

▶ 교재 p.105~106

06
위험물안전관리법에 대한 설명으로 옳은 것은?

① 불붙기 쉬운 물건은 모두 위험물안전관리법상 위험물에 해당한다.
② 액화석유가스 저장량이 지정수량 이상이라면 위험물안전관리자를 선임하고 신고해야 한다.
③ 비상발전기용 경유탱크의 용량이 1,000L 이상이면 위험물안전관리자를 선임하고 신고해야 한다.
④ 위험물안전관리자를 선임한 경우 시·도지사에게 신고하여야 한다.

해설 ① 불붙기 쉬운 물건 중 인화성 또는 발화성 등의 성질을 가지는 것으로서 대통령령으로 정하는 물품만이 위험물안전관리법상 위험물에 해당한다.
② 액화석유가스는 「액화석유가스의 안전관리 및 사업법」에서 정하는 대로 규율된다.
④ 위험물안전관리자를 선임한 경우 소방본부장 또는 소방서장에게 신고하여야 한다.

정답 04.② 05.③ 06.③

07 제1류 위험물에 특성으로 타당한 것은?

① 저온착화하기 쉬운 가연성 물질
② 가열, 충격, 마찰 등에 의해 분해, 산소 방출
③ 가연성으로 산소를 함유하여 자기연소
④ 물과 반응하거나 자연발화에 의해 발열 또는 가연성가스 발생

해설 ① 저온착화하기 쉬운 가연성 물질은 제2류 위험물이다.
③ 가연성으로 산소를 함유하여 자기연소하는 것은 제5류 위험물이다.
④ 물과 반응하거나 자연발화에 의해 발열 또는 가연성가스 발생하는 것은 제3류 위험물이다.

08 다음 특성을 가진 위험물은?

> 물과 반응하거나 자연발화에 의해 발열 또는 가연성가스가 발생하는 성질

① 제1류 위험물　　　　② 제2류 위험물
③ 제3류 위험물　　　　④ 제4류 위험물

해설 물과 반응하거나 자연발화에 의해 발열 또는 가연성가스가 발생하는 성질을 갖는 위험물은 제3류 위험물이다.

09 다음 물질들의 성질로 옳지 않은 것은?

> 중유, 경유, 등유

① 액체는 물보다 가볍고, 증기는 공기보다 무겁다.
② 인화하기 쉽다.
③ 착화온도가 높은 것은 위험하다.
④ 증기는 공기와 혼합되어 연소·폭발한다.

해설 착화온도가 낮은 것이 위험하다.

정답 07.② 08.③ 09.③

10 인화성 액체에 대한 내용으로 옳지 않은 것은?

① 인화가 용이하다.
② 대부분 물보다 가볍고, 증기는 공기보다 무겁다.
③ 주수소화가 불가능하다.
④ 강산화제로 다량의 산소를 함유하고 있다.

해설 강산화제로 다량의 산소를 포함하고 있는 것은 산화성 고체이다.

11 다음 중 위험물 유별 특성으로 알맞게 짝지은 것은?

- 제2류 위험물 : ___㉠___ 고체
- 제4류 위험물 : ___㉡___ 액체
- 제6류 위험물 : ___㉢___ 액체

	㉠	㉡	㉢
①	인화성	가연성	자기반응성
②	산화성	가연성	인화성
③	자기반응성	인화성	가연성
④	가연성	인화성	산화성

해설
- 제2류 위험물 : 가연성 고체
- 제4류 위험물 : 인화성 액체
- 제6류 위험물 : 산화성 액체

정답 10.④ 11.④

PART 04 위험물 · 전기 · 가스 안전관리

12 다음 중 위험물 유별 특성으로 알맞게 짝지은 것은?

- 제1류 위험물 : ___㉠___ 고체
- 제3류 위험물 : ___㉡___ 물질
- 제5류 위험물 : ___㉢___ 물질

	㉠	㉡	㉢
①	인화성	가연성	산화성
②	산화성	자연발화성 및 금수성	자기반응성
③	자기반응성	인화성	가연성
④	가연성	인화성	산화성

해설
- 제1류 위험물 : 산화성 고체
- 제3류 위험물 : 자연발화성 및 금수성 물질
- 제5류 위험물 : 자기반응성 물질

13 다음 ( ) 안에 들어갈 내용으로 맞는 것은?

- 제조소등의 관계인은 위험물안전관리자를 선임하였을 때는 (㉠)에게 신고하여 한다.
- 가연성으로 산소를 함유하여 자기연소 하는 물질은 (㉡) 위험물이다.

① ㉠ 시·도지사, ㉡ 제3류
② ㉠ 소방본부장 또는 소방서장, ㉡ 제3류
③ ㉠ 시·도지사, ㉡ 제5류
④ ㉠ 소방본부장 또는 소방서장, ㉡ 제5류

해설
- 제조소등의 관계인은 위험물안전관리자를 선임하였을 때는 소방본부장 또는 소방서장에게 신고하여 한다.
- 가연성으로 산소를 함유하여 자기연소 하는 물질은 제5류 위험물이다.

14 다음 중 유류의 공통적인 성질에 해당하지 않는 것은?

① 인화하기 쉽다.
② 착화온도가 높은 것은 위험하다.
③ 물보다 가볍고 물에 녹지 않는다.
④ 증기는 대부분 공기보다 무겁다.

해설 착화온도가 낮은 것은 위험하다.

정답 12.② 13.④ 14.②

15 유류의 특성으로 옳지 않은 것은?

① 대부분 물보다 가볍고 물에 녹지 않는다.
② 증기는 공기와 혼합하여 연소·폭발한다.
③ 증기는 대부분 공기보다 무겁다.
④ 착화온도가 높은 것은 위험하다.

해설 착화온도가 낮은 것은 위험하다.

16 제4류 위험물의 공통적인 성질에 해당하는 것을 모두 고르면?

> ㉠ 인화하기 쉽다.
> ㉡ 증기는 대부분 공기보다 가볍다.
> ㉢ 증기는 공기와 혼합되어 연소·폭발한다.
> ㉣ 착화온도가 높을수록 더 위험하다.

① ㉠, ㉡
② ㉠, ㉢
③ ㉠, ㉢, ㉣
④ ㉠, ㉡, ㉢, ㉣

해설 ▶제4류 위험물의 공통적인 성질

> ⓐ 인화하기 쉽다.
> ⓑ 증기는 대부분 공기보다 무겁다.
> ⓒ 증기는 공기와 혼합되어 연소·폭발한다.
> ⓓ 착화온도가 낮은 것은 위험하다.
> ⓔ 대부분 물보다 가볍고 물에 녹지 않는다.

O× 문제

01
인화성 또는 가연성 등의 성질을 가지는 것으로서 대통령령이 정하는 물품을 위험물이라 한다. ○×

× 인화성 또는 발화성 등의 성질을 가지는 것으로서 대통령령이 정하는 물품을 위험물이라 한다.

02
위험물의 종류별로 위험성을 고려하여 대통령령이 정하는 수량으로서 제조소등의 설치허가 등에 있어서 최대의 기준이 되는 수량을 지정수량이라 한다. ○×

× 위험물의 종류별로 위험성을 고려하여 대통령령이 정하는 수량으로서 제조소등의 설치허가 등에 있어서 최저의 기준이 되는 수량을 지정수량이라 한다.

03
질산의 지정수량은 500kg이다. ○×

× 질산의 지정수량은 300kg이다.

04
제조소등의 관계인이 위험물안전관리자를 선임한 경우 30일 이내에 신고하여야 한다. ○×

× 제조소등의 관계인이 위험물안전관리자를 선임한 경우 14일 이내에 신고하여야 한다.

05
제조소등의 관계인은 위험물의 안전관리에 관한 직무를 수행하기 위하여 위험물안전관리자를 선임한 이후에 시·도지사에게 신고하여야 한다. ○×

× 제조소등의 관계인은 위험물의 안전관리에 관한 직무를 수행하기 위하여 위험물안전관리자를 선임한 이후에 소방본부장 또는 소방서장에게 신고하여야 한다.

PART 04
CHAPTER 02 전기안전관리

▶ 교재 p.109

01 상중하
전기화재의 원인으로 틀린 것은?
① 저항열에 의한 발화
② 단락으로 인한 발화
③ 누전으로 인한 발화
④ 과전류로 인한 발화

해설 전기화재의 원인은 단락, 누전, 과전류, 합선으로 인한 발화이다.

▶ 교재 p.109~110

02 상중하
다음 중 전기에 의한 화재예방요령으로 옳지 않은 것은?
① 사용하지 않는 기구는 전원을 끄고 플러그를 뽑아 놓는다.
② 과전류 차단장치를 설치한다.
③ 콘센트의 플러그는 다시 뽑기 쉽게 느슨하게 꽂아 사용한다.
④ 전선을 묶거나 꼬이지 않도록 한다.

해설 콘센트에 플러그는 흔들리지 않게 완전히 꽂아 사용한다.

▶ 교재 p.109

03 상중하
전기화재의 주요 원인으로 옳지 않은 것은?
① 전기기계기구의 누전에 의한 발화
② 멀티콘센트의 허용전류를 초과해서 발생하는 과전류에 의한 발화
③ 전선이 무거운 물건 등에 눌렸을 때 단락에 의한 발화
④ 열선 및 전기기계기구 등의 절연으로 인한 발화

해설 배선 및 전기기계기구 등의 절연은 오히려 전기화재를 방지하는 것으로 전기 화재의 주요 원인으로 볼 수 없다.

정답 01.① 02.③ 03.④

04 다음 중 전기에 의한 화재예방요령으로 옳지 않은 것은?

① 누전차단기를 설치하고 월 1~2회 동작 유무를 확인한다.
② 전기담요는 접힌 부분에 열이 발생하므로 밟거나 접어서 사용하지 않는다.
③ 비닐장판이나 양탄자 밑으로는 전선이 지나지 않도록 한다.
④ 백열전등이나 전열기구 등 고열을 발생하는 기구에는 비닐전선을 사용한다.

해설 비닐전선은 열에 약하므로 백열전등이나 전열기구 등 고열을 발생하는 기구에는 고무코드 전선을 사용한다.

05 다음 중 전기화재의 원인으로 옳지 않은 것은?

① 누전차단기 고장으로 인한 발화
② 무거운 물건을 전선 위에 두어 단락으로 인한 발화
③ 전격용량 이상으로 멀티탭에 플러그를 꽂아 과열로 인한 발화
④ 저항열의 축적으로 인한 발화

해설 저항열의 축적에 의해서는 화재가 발생하지 않는다.
▶ 전기화재의 주요원인
㉠ 전선의 합선(단락)에 의한 발화
㉡ 누전에 의한 발화
㉢ 과전류(과부하)에 의한 발화
㉣ 기타 규격미달의 전선 또는 전기기계기구 등의 과열, 배선 및 전기기계기구 등의 절연불량 또는 정전기로부터의 불꽃

06 전기안전 예방요령에 대한 내용으로 옳지 않은 것은?

① 전선은 묶거나 꼬이지 않도록 한다.
② 비닐장판 밑으로는 전선이 지나지 않도록 한다.
③ 플러그를 뽑을 때는 선을 당겨서 뽑는다.
④ 누전차단기를 설치하고 월 1~2회 동작 여부를 확인한다.

해설 플러그를 뽑을 때는 선을 당기지 말고 몸체를 잡고 뽑는다.

정답 04.④ 05.④ 06.③

07 다음 중 전기화재 예방요령으로 옳지 않은 것만 고르면?

㉠ 과전류 차단장치를 설치한다.
㉡ 규격 퓨즈를 사용하고 끊어질 경우 그 원인을 조치한다.
㉢ 전선이 보이지 않도록 비닐장판 밑으로 정리한다.
㉣ 사용하지 않는 기구는 전원을 끄고 플러그는 꽂아 둔다.

① ㉡, ㉢
② ㉠, ㉡
③ ㉢, ㉣
④ ㉠, ㉡, ㉢

해설 ㉢ 비닐장판이나 양탄자 밑으로는 전선이 지나지 않도록 한다.
㉣ 사용하지 않는 기구는 전원을 끄고 플러그를 뽑아 둔다.

08 전기안전관리에 대한 내용으로 옳지 않은 것만 고른 것은?

㉠ 퓨즈가 끊어질 경우 원인을 조사하지 않고 규격 퓨즈로 교체한다.
㉡ 누전차단기를 설치하고 월 1~2회 동작 여부를 확인한다.
㉢ 플러그를 뽑을 때는 선을 당기지 말고 몸체를 잡고 뽑는다.
㉣ 전기화재의 주요원인은 전선의 합선(단락)에 의한 발화, 누전에 의한 발화, 과전류 차단장치의 설치, 규격미달의 전선 또는 전기기계기구 등의 과열이다.

① ㉠
② ㉠, ㉣
③ ㉠, ㉡, ㉢
④ ㉠, ㉡, ㉢, ㉣

해설 ㉠ 퓨즈가 끊어질 경우 원인을 조사하여 조치하여야 한다.
㉣ 과전류 차단장치의 설치는 전기화재의 예방요령에 해당하는 것으로 전기화재의 주요원인에 해당하지 않는다.

정답 07.③ 08.②

CHAPTER 03 가스안전관리

01 액화천연가스의 주성분은?
① CH_4
② C_3H_8
③ C_4H_{10}
④ C_2H_5

해설 액화천연가스의 주성분은 메탄(CH_4)이다.
C_3H_8은 프로판, C_4H_{10}은 부탄이다.

02 액화석유가스(LPG)에 대한 설명으로 틀린 것은?
① 가정용, 공업용으로 주로 사용된다.
② C_3H_8, C_4H_{10}이 주성분이다.
③ 비중이 1.5~2로 누출 시 낮은 곳으로 체류한다.
④ 폭발범위는 5~15%이다.

해설 폭발범위는 프로판(C_3H_8)이 2.1~9.5%, 부탄(C_4H_{10})이 1.8~8.4%이다.

03 증기비중이 1보다 큰 가스의 경우에 대한 내용이다. (   ) 안에 들어갈 내용을 알맞게 짝지은 것은?

- 연소기 또는 관통부로부터 수평거리 (   ) 이내의 위치에 설치
- 누출 시 (   ) 곳에 체류
- 탐지기의 상단은 바닥면의 (   ) 이내의 위치에 설치

① 8m, 낮은, 하방 30cm
② 8m, 높은, 상방 30cm
③ 4m, 높은, 하방 30cm
④ 4m, 낮은, 상방 30cm

해설 ▶증기비중이 1보다 큰 가스의 경우
㉠ 연소기 또는 관통부로부터 수평거리 4m 이내의 위치에 설치
㉡ 누출 시 낮은 곳에 체류
㉢ 탐지기의 상단은 바닥면의 상방 30cm 이내의 위치에 설치

정답 01.① 02.④ 03.④

▶ 교재 p.111~113

04 가스안전관리에 관한 다음 〈보기〉에서 ( ) 안에 들어갈 내용을 알맞게 짝지은 것은?

|보기|
- 가정용 가스로 사용되는 프로판(㉠)은 증기 비중이 (㉡)이다.
- 가스누설경보기는 (㉢) (㉣) 이내의 위치에 설치한다.

	㉠	㉡	㉢	㉣
①	C_4H_{10}	1.5~2	수평거리	8m
②	C_3H_8	1.5~2	수평거리	4m
③	CH_4	0.6	보행거리	8m
④	C_3H_8	0.6	보행거리	4m

[해설]
- 가정용 가스로 사용되는 프로판(C_3H_8)은 증기 비중이 (1.5~2)이다.
- 가스누설경보기는 (수평거리) (4m) 이내의 위치에 설치한다.

▶ 교재 p.111~113

05 다음 중 가스안전관리에 대한 내용으로 옳지 않은 것은?

① C_4H_{10}의 폭발범위는 1.8~8.4%이다.
② 증기비중이 1보다 큰 가스의 경우 탐지기의 상단은 바닥면의 상방 30cm 이내의 위치에 설치한다.
③ CH_4는 누출 시 낮은 곳에 체류한다.
④ 증기비중이 1보다 작은 가스의 경우 연소기로부터 수평거리 8m 이내의 위치에 설치한다.

[해설] CH_4는 누출 시 천장쪽에 체류한다.

▶ 교재 p.111

06 가스안전관리에 대한 설명으로 옳지 않은 것은?

① LPG에는 프로판, 부탄이 있다.
② LNG의 비중은 0.6이다.
③ LPG는 낮은 쪽에 체류한다.
④ LNG는 가정용, 공업용, 자동차 연료용으로 사용된다.

[해설] LNG는 도시가스용으로 사용된다. 가정용, 공업용, 자동차 연료용으로 사용되는 것은 LPG이다.

[정답] 04.② 05.③ 06.④

07 가스안전관리에 대한 설명으로 옳은 것을 모두 고르면?

㉠ LPG의 비중은 1.5~2이다.
㉡ 프로판의 폭발범위는 2.1~9.5%이다.
㉢ 부탄의 폭발범위는 1.8~8.4%이다.
㉣ 메탄의 폭발범위는 5~15%이다.

① ㉠
② ㉠, ㉡
③ ㉠, ㉡, ㉢
④ ㉠, ㉡, ㉢, ㉣

해설 모두 옳은 내용이다.

구분	LPG			LNG	
비중	1.5~2 (낮은 곳에 체류)			0.6 (천장쪽에 체류)	
폭발범위	프로판(C_3H_8)	2.1~9.5%	메탄(CH_4)		5~15%
	부탄(C_4H_{10})	1.8~8.4%			

08 다음 연료가스의 종류와 특성에서 옳지 않은 것을 모두 고른 것은?

	구분	액화천연가스	액화석유가스
㉠	주성분	메탄	프로판, 부탄
㉡	비중	1.5~2	0.6
㉢	폭발범위	5~15%	부탄 : 1.8~8.4%
㉣	가스누설 경보기 (수평거리)	4m 이내	8m 이내

① ㉠, ㉣
② ㉠, ㉢
③ ㉡, ㉣
④ ㉠, ㉡, ㉢, ㉣

해설 ㉡ 액화천연가스의 비중 – 0.6, 액화석유가스의 비중 – 1.5~2
㉣ 액화천연가스 가스누설 경보기 – 8m 이내, 액화석유가스 가스누설 경보기 – 4m 이내

정답 07.④ 08.③

09 다음 가스안전관리에 대한 물음에서 (㉠), (㉡), (㉢)에 알맞은 내용을 고르면?

> 가정용 연료로 사용되는 주성분이 프로판(C_3H_8)인 (㉠)의 증기비중은 (㉡)이고, 가스누설경보기의 탐지부는 연소기로부터 (㉢) 이내에 설치한다.

① ㉠ LPG ㉡ 1.5~2 ㉢ 수평거리 4m
② ㉠ LNG ㉡ 0.6 ㉢ 수평거리 8m
③ ㉠ LPG ㉡ 0.6 ㉢ 수평거리 8m
④ ㉠ LNG ㉡ 1.5~2 ㉢ 수평거리 4m

[해설] 가정용 연료로 사용되는 주성분이 프로판(C_3H_8)인 (㉠ LPG)의 증기비중은 (㉡ 1.5~2)이고, 가스누설경보기의 탐지부는 연소기로부터 (㉢ 수평거리 4m) 이내에 설치한다.

10 가스 사용 시 주의사항으로 잘못된 것은?

사용 전	㉠ 가스가 새고 있는지 냄새로 확인하고, 환기를 시킨다. ㉡ 가스 연소기 부분에는 가연성 물질을 두지 않는다.
사용 중	㉢ 파란불꽃 상태가 되도록 조절한다. ㉣ 장시간 자리를 비우지 말고 주의하여 지켜본다.
사용 후	㉤ 가스 연소기에 부착된 콕크는 잠그고 중간밸브는 열어둔다. ㉥ 장기간 외출 시 중간밸브와 함께 용기밸브도 잠그고, 도시가스 사용 시 메인 밸브까지 잠근다.

① ㉠ ② ㉢
③ ㉤ ④ ㉥

[해설] ㉤ '가스 연소기에 부착된 콕크는 물론 중간밸브도 확실하게 잠근다.'가 맞는 내용이다.

11 가스안전관리에 관한 설명으로 옳지 않은 것은?

① 탐지대상 가스의 증기비중이 1보다 큰 경우 바닥면의 상방 30cm 이내에 가스누설경보기(탐지부)를 설치한다.
② C_3H_8의 폭발범위는 2.1~9.5%이다.
③ 액화천연가스의 주성분은 C_4H_{10}이다.
④ 탐지대상 가스의 증기비중이 1보다 작은 경우 연소기로부터 수평거리 8m 이내에 가스누설경보기(탐지부)를 설치한다.

[해설] 액화천연가스의 주성분은 CH_4이다.

정답 09.① 10.③ 11.③

O× 문제

01
액화석유가스의 주성분은 메탄(CH_4)이다. ○×

× 액화석유가스의 주성분은 프로판(C_3H_8), 부탄(C_4H_{10})이다.

02
액화천연가스는 비중이 1.5~2로 누출 시 낮은 곳에 체류한다. ○×

× 액화천연가스는 비중이 0.6으로 누출 시 천장 쪽에 체류한다.

03
액화천연가스의 폭발범위는 5~15(%)이다. ○×

○

04
프로판을 주성분으로 하는 액화석유가스의 폭발범위는 1.8~8.4(%)이다. ○×

× 프로판을 주성분으로 하는 액화석유가스의 폭발범위는 2.1~9.5(%)이다.

05
조정기 분해 오조작은 가스화재의 주요원인 중 공급자측의 원인이다. ○×

× 조정기 분해 오조작은 가스화재의 주요원인 중 사용자측의 원인이다.

06
배관 내의 공기치환작업 미숙은 가스화재의 주요원인 중 사용자측의 원인이다. ○×

× 배관 내의 공기치환작업 미숙은 가스화재의 주요원인 중 공급자측의 원인이다.

07
탐지대상 가스의 증기비중이 1보다 작은 경우 연소기로부터 수평거리 8m 이내의 위치에 설치한다. ○×

○

08
탐지대상 가스의 증기비중이 1보다 큰 경우 관통부로부터 수평거리 8m 이내의 위치에 설치한다. ○×

× 탐지대상 가스의 증기비중이 1보다 큰 경우 관통부로부터 수평거리 4m 이내의 위치에 설치한다.

2급 소방안전관리자 기출예상문제집

제1과목

PART 05

피난시설, 방화구획 및 방화시설의 관리

PART 05

CHAPTER 01 방화구획 등

▶ 교재 p.121

01 상중하
방화구획에 대한 설명으로 옳지 않은 것은? (내장재가 불연재료로 되어 있다)
① 스프링클러설비가 설치된 바닥면적 2,500m²인 8층은 1개의 방화구획으로 한다.
② 10층 이하의 층은 바닥면적 1,000m² 이내마다 구획한다.
③ 지하는 매층마다 구획한다.
④ 바닥면적 2,000m²인 16층은 10개의 방화구획으로 한다.

해설 내장재가 불연재료로 되어 있는 경우 11층 이상은 층내 바닥면적 500m² 이내마다 구획하므로 4개의 방화구획으로 한다.

▶ 교재 p.121

02 상중하
건축관계법령에 따른 방화구획에 대한 내용으로 옳지 않은 것은?
① 건축물 내 어느 부분에서 발화한 화재가 인접 공간으로 확대되는 것을 방지하는 것이다.
② 주요구조부가 내화구조로 된 건축물로서 연면적 900m²인 것은 방화구획을 하여야 한다.
③ 개구부나 틈새 등은 규정된 내화성능 및 방연성능을 확보하여야 한다.
④ 내화구조의 벽 및 바닥으로 구획하여 화재에 저항한다.

해설 주요구조부가 내화구조로 된 건축물로서 **연면적 1,000m²를 넘는 것**은 방화구획을 하여야 한다.

▶ 교재 p.121

03 상중하
지상층의 바닥면적은 10,000m², 지하층 2곳의 바닥면적은 각 5,000m²일 때 지하층은 몇 개의 방화구획으로 나눠야 하는가? (주어진 조건 외에 다른 것은 무시한다)
① 8개   ② 9개
③ 10개   ④ 11개

정답 01.④ 02.② 03.③

[해설] 10층 이하의 층은 바닥면적 1,000m² 이내마다 구획하여야 한다. 따라서 지하층도 바닥면적 1,000m² 이내마다 구획하여야 하므로 지하층 한 곳당 $\frac{5,000}{1,000}$ = 5개이므로, 지하층 2곳의 경계구역의 개수는 10개이다.

[심화문제] 11층 이상의 내장재가 불연재인 건물은 바닥면적 몇 m² 이내마다 방화구획하여야 하는가?
① 200m²   ② 300m²
③ 400m²   ④ 500m²

답 ④

04 다음 (   ) 안에 들어갈 말로 옳게 짝지은 것은? (스프링클러설비가 설치되어 있음)

▶ 교재 p.121

구획의 종류	구획단위
면적별 구획	• 10층 이하의 층은 바닥면적 ( )m² 이내마다 구획 • 11층 이상은 층내 바닥면적 ( )m²[내장재가 불연재인 경우 ( )m²] 이내마다 구획
층별 구획	• 매층마다 구획(다만, 지하 1층에서 지상으로 직접 연결하는 ( ) 부위 제외)

① 1,000, 200, 500, 경사로   ② 3,000, 600, 1,500, 경사로
③ 2,000, 400, 1,000, 옥외계단   ④ 3,000, 600, 1,000, 특별계단

[해설] 스프링클러설비가 설치되어 있으므로 아래표의 기준에서 3배 이내마다 구획하여야 한다.

구획의 종류	구획단위
면적별 구획	• 10층 이하의 층은 바닥면적 **1,000m²** 이내마다 구획 • 11층 이상은 층내 바닥면적 **200m²**[내장재가 불연재인 경우 **500m²**] 이내마다 구획 ※ 스프링클러설비 기타 이와 유사한 자동식 소화설비를 설치한 경우에는 상기 면적의 3배 이내마다 구획
층별 구획	• 매층마다 구획(다만, 지하 1층에서 지상으로 직접 연결하는 **경사로** 부위 제외)

[심화문제] 바닥면적 4,000m²인 7층 건물의 경우 방화구획은 몇 개인가?
① 9개   ② 7개
③ 5개   ④ 4개

답 ④

정답 04.②

제1장 방화구획 등 **113**

05

다음 조건의 소방안전관리대상물에서 면적별 방화구획 최소 개수로 옳은 것은? (아래 현황 외에는 무시한다)

> □ 용도 : 근린생활시설
> □ 층수 : 지상 19층
> □ 바닥면적 : 각 층의 바닥면적 3,000m²
> □ 소방시설 설치현황 : 소화기, 스프링클러설비, 비상방송설비, 자동화재탐지설비, 비상콘센트설비 등

① 5층의 방화구획 최소 개수는 3개이다.
② 9층의 방화구획 최소 개수는 1개이다.
③ 14층의 방화구획 최소 개수는 15개이다.
④ 17층의 방화구획 최소 개수는 6개이다.

해설 스프링클러설비 기타 이와 유사한 자동식 소화설비를 설치한 경우 기준 면적의 3배 이내마다 구획하면 되므로 10층 이하는 바닥면적 3,000m² 이내마다 구획하면 되고 11층 이상의 층은 바닥면적 600m² 이내마다 구획하면 된다.
① 5층의 경우 3,000m² ÷ 3,000m² = 1개
② 9층의 경우 3,000m² ÷ 3,000m² = 1개
③ 14층의 경우 3,000m² ÷ 600m² = 5개
④ 17층의 경우 3,000m² ÷ 600m² = 5개
∴ 옳은 것은 ②이다.

06

아래 그림은 ○○빌딩 10, 11층의 소방도면이다. 이 건물의 층별 면적은 6,000m²일 때 이 건물의 방화구획에 대한 설명으로 옳지 않은 것은? (이 건물은 주요구조부가 내화구조로 되어 있고, 내장재는 불연재로 되어 있으며, 스프링클러설비가 설치되어 있다)

① 10층의 방화구획은 2개이다.
② 11층의 방화구획은 12개이다.
③ 급수관, 배전관 등이 방화구획을 관통하여 관통부가 생기는 경우 내화채움성능이 인정된 구조로 메워야 한다.
④ 환기, 난방, 냉방시설의 풍도가 방화구획을 관통하는 경우에는 그 관통부분에 기준에 적합한 댐퍼를 설치해야 한다.

정답 05.② 06.②

해설 11층의 경우 일반적으로 200m²마다 구획해야 하나 이 건물의 내장재가 불연재이고, 스프링클러설비가 설치되어 있으므로 1,500m²마다 구획해야 하므로 11층의 방화구획은 4개이다.

▶ 교재 p.122

07 방화구획의 구조로 옳지 않은 것은?

① 방화구획으로 사용하는 60분+방화문 또는 60분방화문은 언제나 닫힌 상태를 유지하거나 화재로 인한 연기 또는 불꽃을 감지하여 자동으로 닫히는 구조로 해야 한다.
② 벽과 바닥 사이에 접합부가 생기는 경우 그 부분을 내화시간 이상 견딜 수 있는 내화채움성능이 인정되는 구조로 메워야 한다.
③ 환기·난방 또는 냉방시설의 풍도가 방화구획을 관통하는 경우 그 관통부분 또는 이에 근접한 부분에 적합한 댐퍼를 설치해야 한다.
④ ③의 경우 반도체공장 건축물로서 방화구획을 관통하는 풍도의 주위에 옥내소화전설비를 설치하는 경우에는 그렇지 않다.

해설 ③의 경우 반도체공장 건축물로서 방화구획을 관통하는 풍도의 주위에 스프링클러헤드를 설치하는 경우에는 그렇지 않다.

정답 07.④

PART 05 피난시설, 방화구획 및 방화시설의 유지·관리

CHAPTER 02

▶ 교재 p.126

01 피난시설이 아닌 것은?
① 방화벽
② 계단
③ 복도
④ 출입구

해설 ① 방화벽은 방화구획의 구조에 들어가는 시설이다.

▶ 교재 p.126

02 다음 중 옥내피난계단의 피난 시 이동경로로 맞는 것은?
① 옥내 ⇨ 옥외계단 ⇨ 지상층
② 옥내 ⇨ 계단실 ⇨ 피난층
③ 옥내 ⇨ 부속실 ⇨ 계단실 ⇨ 피난층
④ 옥내 ⇨ 계단실 ⇨ 부속실 ⇨ 피난층

해설 옥내피난계단의 피난 시 이동경로는 '옥내 ⇨ 계단실 ⇨ 피난층'이다.
▶ 피난계단의 종류 및 피난 시 이동경로

피난계단의 종류	피난 시 이동경로
옥내피난계단	옥내 ⇨ 계단실 ⇨ 피난층
옥외피난계단	옥내 ⇨ 옥외계단 ⇨ 지상층
특별피난계단	옥내 ⇨ 부속실 ⇨ 계단실 ⇨ 피난층

정답 01.① 02.②

03 **피난시설, 방화구획 및 방화시설의 유지·관리에 대한 설명으로 옳은 것은?**
① 피난시설, 방화구획 및 방화시설의 유지·관리를 위하여 필요한 조치명령을 정당한 사유 없이 위반한 자에게는 1년 이하의 징역 또는 1천만원 이하의 벌금에 처한다.
② 피난시설, 방화구획 및 방화시설의 유지·관리에 관한 조치명령권자는 시·도지사이다.
③ 피난시설, 방화구획 또는 방화시설의 폐쇄 등의 행위를 한 자로 1차 위반의 경우 과태료 50만원이다.
④ 피난시설, 방화구획 또는 방화시설의 폐쇄 등의 행위를 한 자로 2차 위반의 경우 과태료 200만원이다.

해설 ① 피난시설, 방화구획 및 방화시설의 유지·관리를 위하여 필요한 조치명령을 정당한 사유 없이 위반한 자에게는 3년 이하의 징역 또는 3천만원 이하의 벌금에 처한다.
② 피난시설, 방화구획 및 방화시설의 유지·관리에 관한 조치명령권자는 소방본부장 또는 소방서장이다.
③ 피난시설, 방화구획 또는 방화시설의 폐쇄 등의 행위를 한 자로 1차 위반의 경우 과태료 100만원이다.

04 **피난시설, 방화구획 및 방화시설에 대한 내용으로 옳지 않은 것은?**
① 피난시설은 계단, 복도, 출입구, 그 밖의 피난시설을 말한다.
② 방화시설은 방화구획, 방화벽 및 내화성능을 갖춘 내부마감재 등을 말한다.
③ 피난시설, 방화구획 및 방화시설의 폐쇄·훼손·변경 등의 행위를 한 자는 1차 위반 시 50만원, 2차위반 시 150만원, 3차위반 시 200만원의 과태료를 부과한다.
④ 피난계단에는 옥내피난계단, 옥외피난계단, 특별피난계단이 있다.

해설 피난시설, 방화구획 및 방화시설의 폐쇄·훼손·변경 등의 행위를 한 자는 1차 위반 시 100만원, 2차위반 시 200만원, 3차위반 시 300만원의 과태료를 부과한다.

정답 03.④ 04.③

PART 05 피난시설, 방화구획 및 방화시설의 관리

▶ 교재 p.127

05 피난시설, 방화구획 및 방화시설의 폐쇄행위에 해당하지 않는 것은?

① 계단, 복도 등에 방범철책 등을 설치하는 것
② 비상구 등에 잠금장치를 설치하는 것
③ 임의로 무창층을 만드는 것
④ 석고보드 또는 합판 등으로 비상구의 개방이 불가능하도록 하는 것

[해설] 임의로 무창층을 만드는 것은 해당되지 않는다.

▶ 교재 p.127

06 피난시설, 방화구획 및 방화시설의 폐쇄(잠금 포함)행위에 해당되지 않는 것은?

① 용접, 조적, 쇠창살, 석고보드 또는 합판 등으로 비상(탈출)구의 개방이 불가능하도록 하는 행위
② 임의로 무창층을 발생하게 하는 행위
③ 계단, 복도 등에 방범철책(창) 등을 설치하여 화재 시 피난할 수 없도록 하는 행위
④ 비상구 등에 잠금장치(고정식 잠금장치 등)를 설치하여 누구나 쉽게 열 수 없도록 하는 행위

[해설] 임의로 무창층을 발생하게 하는 행위는 해당되지 않는다.
▶ 피난시설, 방화구획 및 방화시설의 폐쇄행위

> ㉠ 건축법령에 의거 설치한 피난·방화시설을 화재 시 사용할 수 없도록 폐쇄하는 행위
> ㉡ 계단, 복도 등에 방범철책(창) 등을 설치하여 화재 시 피난할 수 없도록 하는 행위
> ㉢ 비상구 등에 잠금장치(고정식 잠금장치)를 설치하여 누구나 쉽게 열 수 없도록 하는 행위
> ㉣ 용접, 조적, 쇠창살, 석고보도 또는 합판 등으로 비상(탈출)구의 개방이 불가능하도록 하는 행위
> ㉤ 기타 객관적인 판단하에 누구라도 폐쇄라고 볼 수 있는 행위

정답 05.③ 06.②

07 다음 중 피난시설, 방화구획 및 방화시설의 폐쇄(잠금 포함)행위에 해당되지 않는 것은?

① 건축법령에 의거 설치한 피난·방화시설을 화재 시 사용할 수 없도록 폐쇄하는 행위
② 계단, 복도 등에 방범철책(창) 등을 설치하여 화재 시 피난할 수 없도록 하는 행위
③ 방화문에 고임장치(도어스톱) 등 설치 또는 자동폐쇄장치를 제거하여 그 기능을 저해하는 행위
④ 비상구 등에 잠금장치(고정식 잠금장치 등)를 설치하여 누구나 쉽게 열 수 없도록 하는 행위

[해설] 방화문에 고임장치(도어스톱) 등 설치 또는 자동폐쇄장치를 제거하여 그 기능을 저해하는 행위는 폐쇄행위에 해당하지 않는다.

08 피난시설, 방화구획 및 방화시설 유지·관리에 대한 내용으로 옳지 않은 것은?

① 피난계단은 옥내피난계단, 옥외피난계단, 특별피난계단을 말한다.
② 건물 내부에서 피난계단으로 통하는 출입구에는 방화문을 설치하고, 이곳으로 통하는 통로에는 쉽게 찾을 수 있도록 피난구유도등 또는 유도표지를 설치한다.
③ 피난시설은 계단(직통계단·피난계단), 복도 출입구(비상구 포함), 그 밖의 피난 시설(옥상광장, 피난안전구역, 피난용 승강기 및 승강장 등)을 말한다.
④ 방화시설은 방화구획(방화문, 방화셔터, 내화구조의 바닥·벽), 제연설비, 방화벽 및 내화성능을 갖춘 내부마감재 등을 말한다.

[해설] 제연설비는 방화시설에 해당하지 않는다.

PART 05 피난시설, 방화구획 및 방화시설의 관리

▶ 교재 p.50, p.126

09 상중하
피난시설, 방화구획 및 방화시설의 관리에 대한 설명으로 옳지 않은 것은?

① 피난계단의 종류로는 옥내피난계단, 옥외피난계단, 특별피난계단 등이 있다.
② 피난시설, 방화구획 및 방화시설을 폐쇄하는 행위를 한 자에 대해서는 1차 위반 100만원, 2차 위반 200만원, 3차 위반 300만원의 과태료에 해당한다.
③ 방화시설이란 방화구획, 소화설비, 방화벽 및 내화성능을 갖춘 내부마감재 등을 말한다.
④ 피난시설이란 계단, 복도, 출입구(비상구 포함), 그 밖의 피난시설(옥상광장, 피난안전구역, 피난용 승강기 및 승강장)을 말한다.

해설 소화설비는 방화시설에 해당하지 않는다.

▶ 교재 p.129

10 상중하
다음 중 옥상광장 설치대상이 아닌 것은? (단, 5층 이상인 건물이다)

① 바닥면적의 합계가 300m² 이상인 공연장
② 바닥면적의 합계가 300m² 이상인 전시장
③ 바닥면적의 합계가 300m² 이상인 인터넷컴퓨터게임시설제공업소
④ 위락시설 중 주점영업

해설 옥상광장 설치대상에 전시장은 제외된다.

▶ 교재 p.129

11 상중하
다음 〈보기〉 중 옥상광장 설치대상인 것은 모두 몇 개인가? (단, 5층 이상 건물이다)

|보기|
㉠ 바닥면적의 합계가 300m²인 종교집회장
㉡ 노유자시설
㉢ 체력단련장
㉣ 판매시설
㉤ 위락시설 중 주점영업
㉥ 바닥면적의 합계가 300m²인 동·식물원

① 3개 ② 4개
③ 5개 ④ 6개

해설 옥상광장 설치대상인 것은 ㉠, ㉣, ㉤ 3개이다.
㉡ 노유자시설 → 대상이 아님
㉢ 체력단련장 → 대상이 아님
㉥ 바닥면적의 합계가 300m²인 동·식물원 → 동·식물원은 집회시설에서 제외됨

정답 09.③ 10.② 11.①

▶ 옥상광장 설치대상

5층 이상의 층이 있는 다음 용도의 대상물	해당용도로 쓰는 바닥면적
공연장, 종교집회장, 인터넷컴퓨터게임시설제공업소	300m² 이상
문화 및 집회시설(전시장 및 동·식물원 제외)	면적에 관계 없음
종교시설, 판매시설	
장례시설	
위락시설 중 주점영업	

12 다음 ( ) 안에 들어갈 내용을 알맞게 짝지은 것은?

- 옥상광장 또는 2층 이상인 층에 노대(露臺)등의 주위에는 높이 (㉠)m 이상의 난간을 설치해야 한다.
- 옥상공간을 확보하여야 하는 대상[층수가 (㉡) 이상인 건축물로서 (㉡) 이상인 층의 바닥면적의 합계가 (㉢)m² 이상인 건축물]
  - 건축물의 지붕을 평지붕으로 하는 경우 : 헬리포트를 설치하거나 헬리콥터를 통하여 인명 등을 구조할 수 있는 공간
  - 건축물의 지붕을 경사지붕으로 하는 경우 : 경사지붕 아래에 설치하는 대피공간

	㉠	㉡	㉢
①	1.2	10층	1,000
②	1.2	11층	10,000
③	1.5	10층	1,000
④	1.5	11층	10,000

해설
- 옥상광장 또는 2층 이상인 층에 노대(露臺)등의 주위에는 **높이 1.2m 이상의 난간**을 설치해야 한다.
- 옥상공간을 확보하여야 하는 대상(층수가 **11층** 이상인 건축물로서 **11층** 이상인 층의 바닥면적의 합계가 **10,000m²** 이상인 건축물)
  - 건축물의 지붕을 평지붕으로 하는 경우 : 헬리포트를 설치하거나 헬리콥터를 통하여 인명 등을 구조할 수 있는 공간
  - 건축물의 지붕을 경사지붕으로 하는 경우 : 경사지붕 아래에 설치하는 대피공간

정답 12.②

2급 소방안전관리자 기출예상문제집

제1과목

PART 06
소방시설의 종류 및 기준

PART 06
CHAPTER 01 소방시설의 종류

▶ 교재 p.133

01 상중하
다음 중 소화기구에 포함되지 않는 것은?
① 자동확산소화기
② 소화약제를 이용한 간이소화용구
③ 에어로졸식 소화용구
④ 투척용 소화용구

해설 소화약제 외의 것을 이용한 간이소화용구가 소화기구에 포함된다.

▶ 교재 p.133

02 상중하
다음 중 소화기구의 종류에 해당하지 않는 것은?
① 소화기
② 간이소화용구
③ 옥내소화전설비
④ 자동확산소화기

해설 소화기구에는 소화기, 간이소화용구, 자동확산소화기가 있다.

▶ 교재 p.133

03 상중하
다음 중 자동소화장치에 포함되지 않는 것은?
① 주거용 주방자동소화장치
② 캐비닛형 자동소화장치
③ 호스릴자동소화장치
④ 가스자동소화장치

해설 호스릴자동소화장치는 자동소화장치에 해당하지 않는다.

▶ 교재 p.134

04 상중하
다음 중 물분무등소화설비에 해당하지 않는 것은?
① 미분무소화설비
② 옥외소화전설비
③ 포소화설비
④ 분말소화설비

해설 옥외소화전설비는 물분무등소화설비에 해당하지 않는다.

정답 01.② 02.③ 03.③ 04.②

05 다음 중 물분무등소화설비에 해당하지 않는 것은?
① 스프링클러설비 ② 할론소화설비
③ 고체에어로졸소화설비 ④ 이산화탄소소화설비

해설 스프링클러설비는 물분무등소화설비에 포함되지 않는다.

06 다음 경보설비에 해당하지 않는 것은?
① 단독경보형 감지기 ② 비상콘센트설비
③ 시각경보기 ④ 자동화재속보설비

해설 비상콘센트설비는 소화활동설비에 해당한다.

07 다음 중 경보설비에 해당하는 것은?
① 비상방송설비 ② 제연설비
③ 무선통신보조설비 ④ 피난유도선

해설 비상방송설비가 경보설비에 해당한다.

08 다음 중 경보설비에 해당하지 않는 것은?
① 자동화재속보설비 ② 자동화재탐지설비
③ 비상방송설비 ④ 무선통신보조설비

해설 무선통신보조설비는 소화활동설비에 해당한다.
① 자동화재속보설비, ② 자동화재탐지설비, ③ 비상방송설비는 모두 경보설비에 해당한다.

09 다음 중 피난구조설비에서 유도등에 포함되지 않는 것은?
① 통로유도등 ② 유도표지
③ 피난구유도표지 ④ 피난유도선

해설 피난구조설비에서 유도등에는 피난유도선·피난구유도등·통로유도등·객석유도등·유도표지가 포함된다.

정답 05.① 06.② 07.① 08.④ 09.③

PART 06 소방시설의 종류 및 기준

▶ 교재 p.134

10 상 중 하
다음 중 피난기구에 포함되지 않는 것은?
① 피난사다리 ② 완강기
③ 구조대   ④ 통합감시시설

해설 통합감시시설은 경보설비에 해당한다.

▶ 교재 p.134

11 상 중 하
다음 중 인명구조기구에 해당하지 않는 것은?
① 방열복   ② 무선통신보조설비
③ 인공소생기 ④ 공기호흡기

해설 무선통신보조설비는 소화활동설비에 해당한다.

▶ 교재 p.135

12 상 중 하
다음 중 소화활동설비에 해당하지 않는 것은?
① 제연설비   ② 연결송수관설비
③ 상수도소화용수설비 ④ 연소방지설비

해설 상수도소화용수설비는 소화용수설비에 해당한다.

정답 10.④ 11.② 12.③

PART 06
CHAPTER 02 소화시설의 기준

▶ 교재 p.136

01 상중하
A급 화재의 경우 대형소화기의 능력단위는?
① 5단위 이상 ② 10단위 이상
③ 20단위 이상 ④ 30단위 이상

해설 대형소화기는 화재 시 사람이 운반할 수 있도록 운반대와 바퀴가 설치되어 있고 A급 화재 10단위 이상인 것을 말한다.

▶ 교재 p.136

02 상중하
B급 화재의 경우 대형소화기의 능력단위는?
① 5단위 이상 ② 10단위 이상
③ 20단위 이상 ④ 30단위 이상

해설 대형소화기는 화재 시 사람이 운반할 수 있도록 운반대와 바퀴가 설치되어 있고 B급 화재 20단위 이상인 것을 말한다.

▶ 교재 p.137

03 상중하
석유 그리스, 타르, 솔벤트, 래커 등으로 인한 화재에 대한 소화기의 적응 화재별 표시로 맞는 것은?
① 'A' ② 'B' ③ 'K' ④ 'C'

해설 석유 그리스, 타르, 솔벤트, 래커 등으로 인한 화재는 유류화재로 소화기의 적응 화재별 표시는 'B'이다.

▶ 교재 p.137

04 상중하
고장난 전기밥솥에 발생한 화재에 대한 소화기의 적응 화재별 표시로 맞는 것은?
① 'A' ② 'C' ③ 'B' ④ 'K'

해설 고장난 전기밥솥은 <u>전류가 흐르고 있지 않는</u> 전기기기로 일반화재인 플라스틱류 화재이다. 따라서 이 화재에 대한 소화기의 적응 화재별 표시는 'A'이다.

정답 01.② 02.③ 03.② 04.①

PART 06 소방시설의 종류 및 기준

▶ 교재 p.137

05 상 중 하
다음 중 화재와 소화기 연결이 알맞게 된 것은?
① 나트륨, 칼륨 등 금속화재 – 분말소화기
② 타르, 솔벤트, 알코올 등의 유류화재 – 이산화탄소 소화기
③ 동식물유 화재 – 할론 소화기
④ 나무, 섬유, 종이 등 화재 – 이산화탄소 소화기

해설 ① 나트륨, 칼륨 등 금속화재는 팽창질석 또는 마른모래등으로 소화해야 한다.
③ 동식물유 화재는 K급 화재로 K급소화기를 사용하여 소화해야 한다.
④ 나무, 섬유, 종이 등 화재는 A급 일반화재로 ABC급 분말소화기로 소화해야 한다.

▶ 교재 p.139

06 상 중 하
다음 중 전기화재에 적응성이 있는 소화약제는?
① $KHCO_3$
② $NaHCO_3$
③ $NH_4H_2PO_4$
④ $KHCO_3 + (NH_2)_2CO$

해설 전기화재에 적응성이 소화약제는 $NH_4H_2PO_4$(제1인산암모늄)이다.

▶ 교재 p.139

07 상 중 하
다음 중 그 성질이 다른 하나는?
① $NaHCO_3$
② $KHCO_3$
③ $KHCO_3 + (NH_2)_2CO$
④ $NH_4H_2PO_4$

해설 $NH_4H_2PO_4$(제1인산암모늄)은 ABC급 화재에 모두 적응성이 있는 소화약제로 BC급 화재에만 적응성이 있는 ①②③과 그 성질이 다르다.

▶ 교재 p.139

08 상 중 하
다음 중 축압식소화기의 사용가능한 압력범위로 맞는 것은?
① 0.1~0.5Mpa
② 0.3~0.7Mpa
③ 0.7~0.98Mpa
④ 0.85~1.1Mpa

해설 축압식소화기의 사용가능한 압력범위는 **0.7~0.98Mpa**이다.

정답 05.② 06.③ 07.④ 08.③

09 아래 〈그림〉의 소화기에 대한 설명으로 옳지 않은 것은?

① 외관 이상 유무를 확인하고 사용해야 한다.
② B, C급 화재에 사용할 수 있다.
③ 내구연한 10년이 넘어도 교체할 필요가 없다.
④ 소화기 사용 중 방사를 중지할 수 없다.

해설 〈사진〉은 이산화탄소소화기이다. 이산화탄소소화기는 본체 용기에 충전된 이산화탄소를 레버식 밸브의 개폐의 의해 방사하므로 방사를 중지할 수 있다.

10 위락시설에 설치하는 소화기구의 능력단위는 해당 용도의 바닥면적 몇 m²마다 능력단위 1단위 이상이어야 하는가?

① 30m²   ② 50m²
③ 100m² ④ 200m²

해설 위락시설에 설치하는 소화기구의 능력단위는 해당 용도의 바닥면적 30m²마다 능력단위 1단위 이상이어야 한다.

11 노유자시설에 설치하는 소화기구의 능력단위는 해당 용도의 바닥면적 몇 m²마다 능력단위 1단위 이상이어야 하는가?

① 30m²   ② 50m²
③ 100m² ④ 200m²

해설 노유자시설에 설치하는 소화기구의 능력단위는 해당 용도의 바닥면적 100m²마다 능력단위 1단위 이상이어야 한다.

정답 09.④ 10.① 11.③

PART 06 소방시설의 종류 및 기준

▶ 교재 p.142

12 장례식장에 설치하는 소화기구의 능력단위는 해당 용도의 바닥면적 몇 m²마다 능력단위 1단위 이상이어야 하는가?

① 30m² ② 50m²
③ 100m² ④ 200m²

[해설] 장례식장에 설치하는 소화기구의 능력단위는 해당 용도의 바닥면적 50m²마다 능력단위 1단위 이상이어야 한다.

▶ 교재 p.142

13 건물의 주요구조부가 내화구조이고, 벽 및 반자의 실내에 면하는 부분이 불연재료로 된 방송통신시설에 설치하는 소화기구의 능력단위는 해당 용도의 바닥면적 몇 m²마다 능력단위 1단위 이상이어야 하는가?

① 50m² ② 100m²
③ 200m² ④ 400m²

[해설] 소화기구의 능력단위를 산출함에 있어서 건축물의 주요구조부가 내화구조이고, 벽 및 반자의 실내에 면하는 부분이 불연재료·준불연재료 또는 난연재료로 된 소방대상물에 있어서는 위 기준면적의 2배를 해당 특정소방대상물의 기준면적으로 한다. 따라서 100m²의 **2배**인 200m²가 능력단위의 기준면적이 된다.

▶ 교재 p.142

14 숙박시설에 설치하는 소화기구의 능력단위는 해당 용도의 바닥면적 몇 m²마다 능력단위 1단위 이상이어야 하는가?

① 50m² ② 100m²
③ 200m² ④ 400m²

[해설] 숙박시설에 설치하는 소화기구의 능력단위는 해당 용도의 바닥면적 100m²마다 능력단위 1단위 이상이어야 한다.

▶ 교재 p.142

15 소화기구의 능력단위 기준에서 ㉠에 해당하지 않는 대상은? (단, 건축물의 주요구조부는 내화구조가 아니다)

특정소방대상물	소화기구의 능력단위
㉠	해당용도의 바닥면적 50m²마다 능력단위 1단위 이상

① 장례식장 ② 숙박시설
③ 관람장 ④ 문화재

정답 12.② 13.③ 14.② 15.②

해설 숙박시설은 해당용도의 바닥면적 100m²마다 능력단위 1단위 이상의 소화기구의 능력단위를 필요로 하는 특정소방대상물이다.

▶ 교재 p.142

16 상중하
소화기구의 설치기준으로 소화기구의 능력단위가 다른 것과 다른 것은?
① 공연장 ② 노유자시설
③ 관람장 ④ 집회장

해설 ①③④는 소화기구의 능력단위가 해당 용도의 바닥면적 50m²마다 능력단위가 1단위 이상이어야 한다. ②는 해당 용도의 바닥면적 100m²마다 능력단위가 1단위 이상이어야 한다.

▶ 교재 p.142~143

17 상중하
다음 중 소화기구의 설치기준에 대한 설명으로 옳지 않은 것은?
① 특정소방대상물의 설치장소에 따라 적합한 종류의 것으로 한다.
② 보일러실 등 부속용도별로 사용되는 부분에 대하여는 소화기구의 능력단위를 추가하여 설치한다.
③ 소화기는 각층마다 설치하되, 특정소방대상물의 각 부분으로부터 1개의 소화기까지의 보행거리가 소형소화기의 경우 30m 이내에 배치한다.
④ 자동확산소화기를 제외한 소화기구는 바닥으로부터 높이 1.5m 이하의 곳에 비치한다.

해설 소화기는 각층마다 설치하되, 특정소방대상물의 각 부분으로부터 1개의 소화기까지의 보행거리가 소형소화기의 경우 20m 이내에 배치한다.

▶ 교재 p.142~143

18 상중하
소화기구의 설치기준으로 틀린 것은?
① 특정소방대상물의 각 부분으로부터 1개의 소화기까지의 보행거리가 소형소화기의 경우 20m 이내가 되도록 배치한다.
② 각 층마다 설치하는 것 외에 바닥면적 33m² 이상으로 구획된 각 거실에도 배치한다.
③ 간이소화용구의 능력단위가 전체 능력단위의 3분의 1을 초과하지 않게 한다.
④ 바닥으로부터 높이 1.5m 이하인 곳에 비치한다.

해설 간이소화용구의 능력단위가 전체 능력단위의 2분의 1을 초과하지 않게 한다.

정답 16.② 17.③ 18.③

19 다음 중 소화기에 대한 설명으로 옳지 않은 것은?

① ABC급 분말소화기 약제의 주성분은 제1인산암모늄이다.
② 능력단위가 2단위 이상이 되도록 소화기를 설치하여야 할 특정소방대상물 또는 그 부분에 있어서 간이소화용구의 능력단위가 전체 능력단위의 2분의 1을 초과하지 아니하게 한다(노유자시설의 경우에는 이를 제외).
③ 각 층마다 설치하되, 특정소방대상물의 각 부분으로부터 1개의 소화기까지의 보행거리가 소형소화기의 경우에는 20m 이내가 되도록 배치한다.
④ 소화기구(자동확산소화기 포함)는 바닥으로부터 높이 1.5m 이하의 곳에 비치한다.

해설 소화기구(자동확산소화기 **제외**)는 바닥으로부터 높이 1.5m 이하의 곳에 비치한다.

20 대형 분말소화기에 대한 내용으로 옳지 않은 것은?

① 근린생활시설의 경우 해당 용도의 바닥면적 100m^2마다 능력단위 1단위 이상이어야 한다.
② 특정소방대상물의 각 부분으로부터 1개의 소화기까지의 보행거리가 30m 이내가 되도록 배치해야 한다.
③ 주성분은 대부분 탄산수소칼륨이다.
④ 능력단위가 A급화재는 10단위 이상, B급화재의 경우 20단위 이상이어야 한다.

해설 주성분은 대부분 제1인산암모늄이다.

21 다음 층에 설치하여야 하는 ABC 분말소화기의 최소계수는? (아래 기준 외에는 산정에서 제외한다)

- 바닥면적은 : 2,000m^2
- 용도 : 근린생활시설
- 구조 : 건축물 - 내화구조, 내장재 - 불연재
- 소화기의 능력단위 : 3단위

① 2개　　② 3개
③ 4개　　④ 5개

해설 근린생활시설의 경우 해당 용도의 바닥면적의 합계가 100m^2마다 능력단위 1단위 이상을 설치해야 하고, 이 건물은 내화구조이고, 불연재로 되어 있으므로 이 바닥면적의 2배를 기준면적으로 보므로, 200m^2마다 능력단위 1단위 이상을 설치해야 한다. 따라서 2,000m^2 ÷ 200m^2 = 10단위 따라서 10 ÷ 3 = 3.333... 따라서 4개를 설치해야 한다.

정답 19.④　20.③　21.③

▶ 교재 p.153

22 옥내소화전설비의 성능 중 방수량의 기준으로 맞는 것은?

① 100L/min 이상　　② 130L/min 이상
③ 150L/min 이상　　④ 170L/min 이상

해설　옥내소화전설비의 성능 중 방수량의 기준은 **130L/min** 이상이다.

▶ 교재 p.153

23 옥내소화전설비의 성능 중 방수압의 기준으로 맞는 것은?

① 0.13~0.3Mpa　　② 0.15~0.5Mpa
③ 0.17~0.7Mpa　　④ 0.19~0.9Mpa

해설　옥내소화전설비의 성능 중 방수압의 기준 **0.17~0.7Mpa**이다.

▶ 교재 p.153~157

24 옥내소화전설비 설치기준으로 옳지 않은 것은?

① 방수량은 130L/min 이상이어야 한다.
② 방수압력은 0.17MPa 이상 0.7MPa 이하여야 한다.
③ 방수구는 바닥으로부터 높이가 1.5m 이하가 되도록 해야 한다.
④ 호스의 구경은 65mm 이상의 것으로 해야 한다.

해설　호스의 구경은 40mm 이상의 것으로 해야 한다.

▶ 교재 p.153

25 다음 중 옥내소화전 기동용 수압개폐장치를 설치하여 소화전의 개폐밸브 개방 시 배관 내 압력 저하에 의하여 압력스위치가 작동함으로써 펌프를 기동하는 방식은?

① 펌프방식　　② 고가수조방식
③ 압력수조방식　　④ 가압수조방식

해설　기동용 수압개폐장치를 설치하여 소화전의 개폐밸브 개방 시 배관 내 압력 저하에 의하여 압력스위치가 작동함으로써 펌프를 기동하는 방식은 펌프방식이다.

정답　22.②　23.③　24.④　25.①

PART 06 소방시설의 종류 및 기준

▶ 교재 p.153

26 ⬆중하
다음 중 옥내소화전 최고층의 소화전에 규정 방수압을 얻을 수 있는 높이에 수조를 설치하여야 하므로 일반건물에 거의 사용되지 못하고 있는 방식은?

① 펌프방식 ② 고가수조방식
③ 압력수조방식 ④ 가압수조방식

해설 최고층의 소화전에 규정 방수압을 얻을 수 있는 높이에 수조를 설치하여야 하므로 일반건물에 거의 사용되지 못하고 있는 방식은 고가수조방식이다.

▶ 교재 p.154

27 ⬆중하
다음 중 옥내소화전 탱크의 설치 위치에 구애받지 않는 장점을 지니는 방식은?

① 펌프방식 ② 고가수조방식
③ 압력수조방식 ④ 가압수조방식

해설 압력수조방식은 압력수조 내 물을 압입하고 압축된 공기를 충전하여 송수하는 방식으로서 탱크의 설치 위치에 구애받지 않는 장점이 있다.

▶ 교재 p.154

28 ⬆중하
다음 중 옥내소화전 중 전원이 필요 없는 방식은?

① 펌프방식 ② 고가수조방식
③ 압력수조방식 ④ 가압수조방식

해설 가압수조방식은 별도의 압력탱크에 가압원인 압축공기 또는 불연성 고압기체에 의해 소방용수를 가압하여 송수하는 방식으로 전원이 필요없다.

▶ 교재 p.153

29 ⬆중하
45층 건축물의 옥내소화전설비 수원의 저수량으로 맞는 것은?

① 130L×30분 이상
② 130L×40분 이상
③ 130L×50분 이상
④ 130L×60분 이상

해설 30~49층 건축물의 옥내소화전설비 수원의 저수량은 130L×40분 이상이다.

정답 26.② 27.③ 28.④ 29.②

▶ 교재 p.153

30 상중하

지하1층, 지상5층 ○○건물에 옥내소화전이 3층에 4개, 4층에 4개, 5층에 2개 설치되어 있다. 수원의 저수량을 구하면?

① $2.6m^3$
② $4.3m^3$
③ $5.2m^3$
④ $7.8m^3$

해설 30층 미만인 건물이므로 옥내소화전이 2개 이상 설치된 경우 2개로 보고 계산하므로 $2.6m^3 \times 2 = 5.2m^3$
∴ 수원의 저수량은 $5.2m^3$이다.

▶ 교재 p.153

31 상중하

지하1층, 지상35층인 △△건물에 옥내소화전이 1~10층은 4개, 11~20층은 7개, 21~30층은 5개, 31~35층은 2개 설치되어 있다. 이 건물의 수원의 저수량을 구하면?

① $5.2m^3$
② $13m^3$
③ $26m^3$
④ $39m^3$

해설 층수가 30층 이상이거나 높이가 120m 이상인 고층건축물의 경우 최대 5개를 동시에 방수할 때의 저수량을 기준으로 산정해야 한다. 따라서 $5 \times 5.2 = 26m^3$이다.

▶ 교재 p.153, p.170

32 상중하

옥상수조가 설치되어 있는 7층 건축물에 설치된 소화설비가 아래와 같을 때 이 건축물에 보유해야 하는 필요 저수량으로 알맞은 것은?

- 한 층에 가장 많이 설치된 옥내소화전 개수 : 5개
- 옥외소화전이 설치된 개수 : 3개

① $39.2m^3$
② $19.2m^3$
③ $13m^3$
④ $14m^3$

해설 ㉠ 옥내소화전의 경우 한 층에 5개 설치되어 있어도 2개를 기준으로 산정하여야 하고 동 건물이 7층이므로 $2.6m^3 \times 2 = 5.2m^3$이다.
㉡ 옥외소화전의 경우 3개 설치되어 있어도 2개를 기준으로 산정하므로 $2 \times 7m^3 = 14m^3$이다.
따라서 ㉠ + ㉡ = $19.2m^3$이다.

▶ 교재 p.154

33 상중하

다음 중 옥내소화전 펌프의 체절운전 시 수온이 상승하여 펌프에 무리가 발생하므로 릴리프밸브를 통해 과압을 방출하여 수온상승을 방지하기 위해 설치하는 것은?

① 가지배관
② 순환배관
③ 솔레노이드밸브
④ 성능시험배관

정답 30.③ 31.③ 32.② 33.②

34

▶ 교재 p.155

다음 중 옥내소화전 펌프 성능곡선의 양부(良否) 및 방수압과 토출량을 검사하기 위하여 설치하는 것은?

① 가지배관
② 순환배관
③ 성능시험배관
④ 유량조절밸브

해설 정기적으로 펌프의 성능을 시험하여 펌프 성능곡선의 양부(良否) 및 방수압과 토출량을 검사하기 위하여 설치하는 것은 성능시험배관이다.

35

▶ 교재 p.155

다음 중 〈보기〉의 역할을 하는 장치는?

| 보기 |

- 압력챔버 내 수압의 변화를 감지하여 설정된 펌프의 기동, 정지점이 될 때 펌프를 자동으로 기동, 정지시킨다.
- 펌프의 기동 시 챔버 상부의 공기가 완충작용을 하여 공기의 압축 및 팽창으로 인하여 급격한 압력변화를 방지하게 된다.

① 릴리프밸브
② 압력스위치
③ 엑셀레이터
④ 기동용수압 개폐장치

해설 〈보기〉의 역할을 하는 장치는 기동용수압 개폐장치이다.

36

▶ 교재 p.157

다음 중 옥내소화전함 등 설치기준에 대한 설명으로 옳지 않은 것은?

① 방수구는 층마다 설치하되 소방대상물의 각 부분으로부터 1개의 옥내소화전 방수구까지의 수평거리는 15m 이하가 되도록 한다.
② 방수구는 바닥으로부터 높이가 1.5m 이하의 위치에 설치한다.
③ 표시등은 옥내소화전함의 상부에 설치한다.
④ 호스는 구경 40mm 이상의 것으로 물이 유효하게 뿌려질 수 있는 길이로 설치한다.

해설 방수구는 층마다 설치하되 소방대상물의 각 부분으로부터 1개의 옥내소화전 방수구까지의 수평거리는 25m 이하가 되도록 한다.

정답 34.③ 35.④ 36.①

▶ 교재 p.153

37 상중하
옥내소화전설비가 설치된 4층 건물에 옥내소화전이 2층에 5개, 3층에 5개, 4층에 2개 설치되어 있는 경우 수원의 저수량은?

① 13m³ 이상
② 12m³ 이상
③ 10.4m³ 이상
④ 5.2m³ 이상

해설 옥내소화전 수원의 저수량은 옥내소화전의 설치개수가 가장 많은 층의 설치개수에 2.6m³를 곱한 양 이상이어야 한다. 다만, 기준개수가 기존 5개에서 2개로 변경되어 2개 이상 설치되어도 2개를 기준으로 저수량을 산정해야 한다.
따라서 2 × 2.6m³ = 5.2m³이다.

▶ 교재 p.170

38 상중하
옥외소화전설비의 성능기준 중 방수량 기준으로 맞는 것은?

① 150L/min 이상
② 250L/min 이상
③ 350L/min 이상
④ 450L/min 이상

해설 방수량은 350L/min 이상이 되도록 설치한다.

▶ 교재 p.170

39 상중하
옥외소화전설비의 성능기준 중 방수압력 기준으로 맞는 것은? (단, 2개의 소화전을 동시에 사용할 경우)

① 0.15~0.4Mpa
② 0.25~0.7Mpa
③ 0.35~0.8Mpa
④ 0.45~1.0Mpa

해설 옥외소화전설비의 성능기준 중 방수압력 기준은 0.25~0.7Mpa이다.

▶ 교재 p.170

40 상중하
다음 중 옥외소화전에 대한 설명으로 옳은 것을 모두 고른 것은?

㉠ 방수량은 350L/min 이상일 것
㉡ 방수압력은 2개의 소화전(설치개수가 1개일 경우 1개)을 동시에 사용할 경우 각 노즐선단 방수압력이 0.25MPa 이상 0.7MPa 이하일 것
㉢ 지상용과 지하용(승하강식은 제외한다)으로 구분한다.
㉣ 소화전 설치개수(2개 이상일 때는 2개)에 7m³를 곱한 양 이상일 것

① ㉠, ㉡
② ㉠, ㉡, ㉢
③ ㉠, ㉡, ㉣
④ ㉠, ㉡, ㉢, ㉣

해설 ㉢ '지상용과 지하용(승하강식을 포함한다)으로 구분한다.'가 맞다.

정답 37.④ 38.③ 39.② 40.③

PART 06 소방시설의 종류 및 기준

▶ 교재 p.170~171

41 상중하
옥외소화전함 등에 대한 내용으로 옳은 것만 짝지은 것은?

㉠ 옥외소화전이 10개 이하 설치된 경우 옥외소화전마다 5m 이내의 장소에 1개 이상의 소화전함을 설치해야 한다.
㉡ 가압송수장치의 조작부 또는 그 부분에는 가압송수장치의 기동을 명시하는 적색등을 설치해야 한다.
㉢ 호스는 구경 40mm의 것으로 하여야 한다.
㉣ 소화전함 표면에는 "옥외소화전" 표시를 한 표지를 하여야 한다.

① ㉠, ㉡
② ㉠, ㉡, ㉢
③ ㉠, ㉡, ㉣
④ ㉠, ㉡, ㉢, ㉣

해설 ㉢ 호스의 구경은 65mm이다.

▶ 교재 p.170~171

42 상중하
옥외소화전설비에 대한 내용으로 맞는 것만 고른 것은?

㉠ 옥외소화전이 32개 설치된 경우 옥외소화전 3개마다 1개 이상의 소화전함을 설치해야 한다.
㉡ 소방대상물의 각 부분으로부터 호스접결구까지의 수평거리가 40m 이하가 되도록 설치해야 한다.
㉢ 소화전함 표면에는 "옥외소화전" 표시를 한 표지를 하여야 한다.
㉣ 2개의 소화전(설치개수가 1개인 경우 1개)을 동시 사용할 경우 각 노즐선단 방수압력이 0.17MPa 이상 0.7MPa 이하가 되도록 해야 한다.

① ㉡, ㉢
② ㉠, ㉡, ㉢
③ ㉠, ㉡, ㉣
④ ㉠, ㉡, ㉢, ㉣

해설 ㉣ 2개의 소화전(설치개수가 1개인 경우 1개)을 동시 사용할 경우 각 노즐선단 방수압력이 0.25MPa 이상 0.7MPa 이하가 되도록 해야 한다.

▶ 교재 p.172

43 상중하
아래 〈보기〉에서 설명하는 것은 무엇인가?

| 보기 |

• 정상상태에서 방수구를 막고 있으나 열에 의해서 일정한 온도에 도달하면 스스로 파괴 또는 용해된다.
• 퓨즈블링크와 유리벌브가 많이 사용된다.

① 프레임(Frame)
② 감열체
③ 반사판(디플렉터)
④ 알람밸브

해설 〈보기〉에서 설명하는 것은 감열체이다. 정상상태에서는 방수구를 막고 있으나 열에 의해서 일정한 온도에 도달하면 스스로 파괴 또는 용해되어 헤드로부터 이탈됨으로써 방수구가 열려 스프링클러헤드가 작동되도록 하는 부분이다.

정답 41.③ 42.② 43.②

▶ 교재 p.174

44 다음 중 스프링클러의 설치기준 중 방수량의 기준으로 맞는 것은?

① 50L/min 이상
② 80L/min 이상
③ 100L/min 이상
④ 150L/min 이상

해설 스프링클러의 설치기준 중 방수량의 기준은 80L/min 이상이다.

▶ 교재 p.174

45 다음 중 스프링클러의 설치기준 중 방수압 기준으로 맞는 것은?

① 0.1~0.7Mpa
② 0.1~1.2Mpa
③ 0.8~1.2Mpa
④ 1.0~1.5Mpa

해설 스프링클러의 설치기준 중 방수압 기준 0.1Mpa 이상 1.2Mpa 이하이다.

▶ 교재 p.174~175

46 스프링클러설비에 대한 내용으로 옳은 것만 고르면?

㉠ 방수압력은 0.1MPa 이상 1.2MPa 이하여야 한다.
㉡ 방수량은 80L/min 이상이어야 한다.
㉢ 헤드의 부착높이가 8m 이상인 경우 30개의 스프링클러설비 헤드를 설치해야 한다.
㉣ 스프링클러설비의 배관 중 가지배관은 토너먼트방식으로 설치해야 한다.

① ㉠, ㉡
② ㉡, ㉢
③ ㉢, ㉣
④ ㉠, ㉢, ㉣

해설 ㉢ 헤드의 부착높이가 8m 이상인 경우 20개의 스프링클러설비 헤드를 설치해야 한다.
㉣ 스프링클러설비의 배관 중 가지배관은 토너먼트방식이 아니어야 한다.

▶ 교재 p.175

47 스프링클러설비 배관에 대한 내용으로 옳은 것만 고르면?

㉠ 교차배관은 스프링클러헤드가 설치되어 있는 배관은 말한다.
㉡ 가지배관은 교차배관에서 분기되는 지점을 기준으로 한쪽 가지배관에 설치되는 헤드는 8개 이하여야 한다.
㉢ 교차배관은 가지배관과 수직 또는 밑에 설치한다.
㉣ 교차배관 중간에 청소구를 설치하고, 나사보호용의 캡으로 마감한다.

① ㉠
② ㉡
③ ㉠, ㉡
④ ㉠, ㉢, ㉣

정답 44.② 45.② 46.① 47.②

▶ 교재 p.181

48 다음 중 습식 스프링클러설비의 장점이 아닌 것은?

① 구조가 간단하고 공사비가 저렴하다.
② 소화가 신속하다.
③ 동결우려 장소 및 옥외 사용이 가능하다.
④ 타 방식에 비해 유지 관리가 용이하다.

해설 습식 스프링클러설비는 동결 우려 장소에는 사용이 제한된다.
③은 건식 스프링클러설비의 장점이다.

▶ 교재 p.181

49 다음 중 준비작동식 스프링클러설비의 장점이 아닌 것은?

① 초기화재에 신속하게 대처하기 용이하다.
② 헤드 오동작 시 수손피해 우려가 없다.
③ 헤드 개방 전 경보로 조기 대처가 용이하다.
④ 동결 우려 장소에 사용 가능하다.

해설 ①는 일제살수식 스프링클러설비의 장점이다.

▶ 교재 p.181

50 다음 스프링클러설비 중 나머지와 다른 헤드를 사용하는 것은?

① 습식 스프링클러설비
② 건식 스프링클러설비
③ 일제살수식 스프링클러설비
④ 준비작동식 스프링클러설비

해설 일제살수식 스프링클러설비만 개방형 헤드를 사용하고, 나머지 세 개는 폐쇄형 헤드를 사용한다.

정답 48.③ 49.① 50.③

▶ 교재 p.181

51 다음 〈보기〉와 같은 장점을 가진 스프링클러 방식은?

―|보기|―
- 초기화재에 신속 대처 용이
- 층고가 높은 장소에서도 소화 가능

① 일제살수식 스프링클러설비
② 건식 스프링클러설비
③ 습식 스프링클러설비
④ 준비작동식 스프링클러설비

해설 〈보기〉는 일제살수식 스프링클러설비의 장점이다.

▶ 교재 p.181

52 스프링클러설비의 종류 중 별도의 감지장치를 필요로 하는 방식 2개는?

① 습식 스프링클러설비, 일제살수식 스프링클러설비
② 준비작동식 스프링클러설비, 부압식 스프링클러설비
③ 건식 스프링클러설비, 준비작동식 스프링클러설비
④ 준비작동식 스프링클러설비, 일제살수식 스프링클러설비

해설 준비작동식 스프링클러설비, 일제살수식 스프링클러설비 2종류는 별도의 감지장치를 필요로 한다.

▶ 교재 p.187

53 다음 중 이산화탄소소화설비의 장점에 해당하지 않는 것은?

① 화재진화 후 깨끗하다.
② 소음이 적고 인체에 무해하다.
③ 심부화재에 적합하다.
④ 피연소물에 피해가 적다.

해설 방사 시 동상의 우려와 소음이 크고 사람에게 질식의 우려가 있다.

정답 51.① 52.④ 53.②

OX 문제

01
간이소화용구에는 에어로졸식소화용구, 투척용소화용구 및 소화약제를 이용한 간이소화용구가 있다.

× 간이소화용구에는 에어로졸식소화용구, 투척용소화용구 및 소화약제 외의 것을 이용한 간이소화용구가 있다.

02
소형소화기는 능력단위가 1단위 이상이고 대형소화기의 능력단위 이하인 것이어야 한다.

× 소형소화기는 능력단위가 1단위 이상이고 대형소화기의 능력단위 미만인 것이어야 한다.

03
대형소화기는 화재 시 사람이 운반할 수 있도록 운반대와 바퀴가 설치되어 있고 능력단위가 A급 화재 10단위 이상, B급 화재 20단위 이상이어야 한다.

○

04
ABC급 분말소화기의 주성분은 제1인산암모늄으로 약제의 색은 담회색이다.

× ABC급 분말소화기의 주성분은 제1인산암모늄으로 약제의 색은 담홍색이다.

05
BC급 분말소화기의 주성분은 탄산수소나트륨과 탄산수소칼륨이고, 약제의 색은 각각 백색, 담회색이다.

○

06
축압식소화기의 경우 지시압력계가 부착되어 사용가능한 범위가 0.5~0.78MPa로 녹색으로 되어 있다.

× 축압식소화기의 경우 지시압력계가 부착되어 사용가능한 범위가 0.7~0.98MPa로 녹색으로 되어 있다.

07
이산화탄소소화기는 본체용기에 충전된 이산화탄소를 방사하게 되면 방사를 중지할 수 없다.

× 이산화탄소소화기는 본체용기에 충전된 이산화탄소가 레버식 밸브의 개폐에 의해 방사되므로 방사를 중지할 수 있다.

08
위락시설의 경우 해당 용도의 바닥면적 $50m^2$ 마다 능력단위 1단위 이상의 소화기구를 설치해야 한다.

× 위락시설의 경우 해당 용도의 바닥면적 $30m^2$ 마다 능력단위 1단위 이상의 소화기구를 설치해야 한다.

09
근린생활시설·판매시설·운수시설·숙박시설은 해당 용도의 바닥면적 $200m^2$ 마다 능력단위 1단위 이상의 소화기를 설치해야 한다.

× 근린생활시설·판매시설·운수시설·숙박시설은 해당 용도의 바닥면적 $100m^2$ 마다 능력단위 1단위 이상의 소화기를 설치해야 한다.

O× 문제

10
소화기는 각층마다 설치하되, 특정소방대상물의 각 부분으로부터 1개의 소화기까지의 보행거리가 대형소화기의 경우에는 20m 이내가 되도록 설치한다.

× 소화기는 각층마다 설치하되, 특정소방대상물의 각 부분으로부터 1개의 소화기까지의 보행거리가 대형소화기의 경우에는 30m 이내가 되도록 설치한다.

11
특정소방대상물의 각 층이 2 이상의 거실로 구획된 경우에는 각 층마다 설치하는 것 외에 바닥면적이 33m² 이상으로 구획된 각 실에도 배치한다.

○

12
능력단위가 2단위 이상이 되도록 소화기를 설치하여야 할 특정소방대상물 또는 그 부분에 있어서는 간이소화용구의 능력단위가 전체 능력단위의 3분의 1을 초과하지 않도록 한다.

× 능력단위가 2단위 이상이 되도록 소화기를 설치하여야 할 특정소방대상물 또는 그 부분에 있어서는 간이소화용구의 능력단위가 전체 능력단위의 2분의 1을 초과하지 않도록 한다.

13
축압식 분말소화기의 지시압력계가 녹색의 범위 내에 있어야 적합하며, 빨간색은 과압의 범위이며, 노란색 부분은 소화기가 고장난 것이다.

× 축압식 분말소화기의 지시압력계가 녹색의 범위 내에 있어야 적합하며, 빨간색은 과압의 범위이며, 노란색 부분은 소화기 내의 압력이 부족한 것으로 소화약제를 정상적으로 방출할 수 없다.

14
옥내소화전설비의 성능 중 방수량은 130L/min 이상이어야 한다.

○

15
기동용수압 개폐장치의 용적은 130L 이상이어야 한다.

× 기동용수압 개폐장치의 용적은 100L 이상이어야 한다.

16
옥내소화전함의 방수구는 층마다 설치하되 소방대상물의 각 부분으로부터 1개의 옥내소화전 방수구까지의 수평거리 20m 이하가 되도록 한다.

× 옥내소화전함의 방수구는 층마다 설치하되 소방대상물의 각 부분으로부터 1개의 옥내소화전 방수구까지의 수평거리 25m 이하가 되도록 한다.

17
옥내소화전함의 호스 구경은 40mm 이상의 것으로 물이 유효하게 뿌려질 수 있는 길이로 설치되어야 한다.

○

O× 문제

18
옥외소화전설비의 방수량은 350L/min 이상이 되도록 설치해야 한다.

○

19
옥외소화전 수원의 용량은 소화전 설치개수에 8m³를 곱한 양 이상으로 해야 한다.

× 옥외소화전 수원의 용량은 소화전 설치개수에 7m³를 곱한 양 이상으로 해야 한다.

20
옥외소화전은 소방대상물의 각 부분으로부터 호스접결구까지의 수평거리가 30m 이하가 되도록 설치하여야 한다.

× 옥외소화전은 소방대상물의 각 부분으로부터 호스접결구까지의 수평거리가 40m 이하가 되도록 설치하여야 한다.

21
스프링클러설비의 방수량은 분당 80L/min 이상이어야 한다.

○

22
가스계소화설비 중 압력스위치는 가스관 선택밸브 1차측에 설치하여, 소화약제 방출 시의 압력을 이용하여 접점신호를 형성하여 제어반에 입력시켜 방출표시등을 점등시키는 역할을 한다.

× 가스계소화설비 중 압력스위치는 가스관 선택밸브 2차측에 설치하여, 소화약제 방출 시의 압력을 이용하여 접점신호를 형성하여 제어반에 입력시켜 방출표시등을 점등시키는 역할을 한다.

23
선택밸브는 가스계소화설비에서 3개소 이상의 방호구역 또는 방호대상물에 대해 소화약제 저장용기를 공용으로 사용하는 경우에 사용하는 밸브로서 자동 또는 수동개방장치에 의해 개방되는 것을 말한다.

× 선택밸브는 가스계소화설비에서 2개소 이상의 방호구역 또는 방호대상물에 대해 소화약제 저장용기를 공용으로 사용하는 경우에 사용하는 밸브로서 자동 또는 수동개방장치에 의해 개방되는 것을 말한다.

24
가스계소화설비에서 방출헤드는 전역방출방식인 경우 넓은 지역에 균일하게 확산, 방사하는 천장형과 국소지점만 방사하는 혼(나팔형), 측벽형 등이 있다.

○

PART 06

CHAPTER 03 경보설비의 구조

▶ 교재 p.204

01 상중하

경계구역에 대한 설명으로 옳지 않은 것은?
① 하나의 경계구역이 2개 이상의 건축물에 미치지 아니하도록 할 것
② 하나의 경계구역이 2개 이상의 층에 미치지 아니하도록 할 것
③ 하나의 경계구역의 면적은 600m² 이하로 하고 한변의 길이는 50m 이하로 할 것
④ 지하구의 경우 하나의 경계구역의 길이는 700m 이하로 할 것

해설 지하구의 경계구역에 대한 규정은 법 개정으로 삭제되었다.

▶ 교재 p.204

02 상중하

경계구역의 개수로 맞는 것은? (면적을 제외한 나머지 조건은 무시한다)

① 3개 ② 4개
③ 5개 ④ 6개

해설 하나의 경계구역은 600m² 이하여야 하므로 1층 면적이 900m²이므로 2개의 경계구역으로 해야 한다. 2층과 3층은 모두 600m² 이하이므로 각각 1개의 경계구역으로 해야 한다. 500m² 이하의 범위 안에서는 2개의 층을 하나의 경계구역으로 할 수 있으므로 4층과 5층은 두 층의 합이 450m²이므로 4층과 5층을 합쳐 하나의 경계구역으로 할 수 있다. 따라서 2+1+1+1=5
∴ 총 5개의 경계구역으로 할 수 있다.

정답 01.④ 02.③

PART 06 소방시설의 종류 및 기준

03 아래 〈그림〉은 ○○건물 10층의 평면도이다. 이 층의 경계구역은 몇 개인가?

① 1개   ② 2개
③ 3개   ④ 4개

해설 하나의 경계구역의 면적은 600m² 이하로 하고 한 변의 길이는 50m 이하로 해야 하므로, 이 건물 10층의 면적이 700m²이고, 한 변의 길이 가로 70m, 세로 10m이므로 경계구역은 2개로 해야 한다.

04 다음 A, B 두 건물의 경계구역은 몇 개인가? (단, 두 건물 모두 한 변의 길이는 50m이고, A건물은 주된 출입구에서 그 내부 전체가 보이는 건물이다)

① 3개   ② 4개
③ 5개   ④ 6개

해설 하나의 경계구역이 2개 이상의 건축물에 미치지 않아야 하므로 A, B 두 건물은 경계구역을 따로 해야 한다. A건물은 900m²이지만 한 변의 길이가 50m이고 주된 출입구에서 그 내부 전체가 보이는 것이므로 1개의 경계구역으로 하면 되고, B건물의 1층과 2층은 600m² 이하로 각각 1개의 경계구역으로 해야 하고, 3층과 4층은 두 층의 합이 500m² 이하이므로 두 층을 합쳐 1개의 경계구역으로 할 수 있으므로 결국 총 경계구역은 4개이다.

정답 03.② 04.②

▶ 교재 p.204

05 ❨상❩**중**❨하❩
다음 중 자동화재탐지설비의 경계구역에 대한 설명으로 옳은 것만 고른 것은?

> ㉠ 하나의 경계구역이 2개 이상의 건축물에 미치지 아니하도록 할 것
> ㉡ 하나의 경계구역이 2개 이상의 층에 미치지 않도록 할 것. 다만 하나의 경계구역이 500m² 이하의 범위에서 2개의 층을 하나의 경계구역으로 할 수 있다.
> ㉢ 하나의 경계구역의 면적은 600m² 이하로 하고 한 변의 길이는 60m 이하로 할 것
> ㉣ 해당 소방대상물의 주된 출입구에서 그 내부 전체가 보이는 것에 한 변의 길이가 50m의 범위에서 1,000m² 이하로 할 수 있다.

① ㉠
② ㉠, ㉢
③ ㉠, ㉡, ㉣
④ ㉠, ㉡, ㉢, ㉣

해설 ㉢ 하나의 경계구역의 면적은 600m² 이하로 하고 한 변의 길이는 50m 이하로 할 것

▶ 교재 p.207

06 ❨상❩**중**❨하❩
다음은 차동식스포트형 감지기 동작원리에 대한 설명이다. (　　)에 들어갈 내용으로 옳은 것은?

> 화재 시 온도상승 → 감열실 내의 공기 팽창 → (　　) → 접점이 붙어 화재신호를 수신기로 보냄

① 다이아프램을 압박
② 가용절연물의 용융
③ 바이메탈이 휘어져 기동접점으로 이동
④ 열반도체에 열축적

해설 ▶ 차동식스포트형 감지기 동작원리

> 화재 시 온도상승 → 감열실 내의 공기 팽창 → (다이아프램을 압박) → 접점이 붙어 화재신호를 수신기로 보냄

▶ 교재 p.207

07 ❨상❩**중**❨하❩
〈보기〉는 정온식 스포트형감지기의 동작원리에 대한 내용이다. (　　) 안에 들어갈 내용은?

|보기|
> 화재 시 감열판에 열전달 → (　　) → 접점이 붙어 화재신호를 수신기에 보냄

① 열축적에 의한 팽창
② 다이아프램을 압박
③ 감염실 내의 공기가 팽창
④ 바이메탈이 휘어져 기동접점으로 이동

정답 05.③ 06.① 07.④

PART 06 소방시설의 종류 및 기준

[해설] ▶ 정온식 스포트형감지기의 작동원리

> 화재 시 감열판에 열전달 → (바이메탈이 휘어져 기동접점으로 이동) → 접점이 붙어 화재신호를 수신기에 보냄

▶ 교재 p.208

08 상중하

높이가 3m이고, 주요구조부가 내화구조로 된 특정소방대상물에 차동식 스포트형 2종 감지기를 설치하려고 할 때 감지기의 설치유효면적은?

① 40m² ② 70m²
③ 50m² ④ 35m²

[해설] 높이가 3m이고, 주요구조부가 내화구조로 된 특정소방대상물에 차동식 스포트형 2종 감지기를 설치할 경우 감지기의 설치유효면적은 **70m²**이다.

▶ 교재 p.208

09 상중하

다음 중 기타구조의 부착높이 3m인 소방대상물인 경우 차동식 스포트형 2종 감지기의 설치유효면적은?

① 15m² ② 30m²
③ 50m² ④ 40m²

[해설] 기타구조의 부착높이 3m인 소방대상물인 경우 차동식 스포트형 2종 감지기의 설치유효면적은 **40m²**이다.

▶ 감지기 설치유효면적(기타구조인 경우) (단위 : m²)

부착높이 및 특정소방대상물의 구분	감지기의 종류				
	차동식 스포트형		정온식 스포트형		
	1종	2종	특종	1종	2종
4m 미만	50	40	40	30	15
4m 이상 8m 미만	30	25	25	15	−

[정답] 08.③ 09.④

10 주요구조부가 내화구조로 된 특정소방대상물 또는 그 부분일 경우 감지기 설치유효면적에서 아래 도표 ⓐ, ⓑ, ⓒ에 들어갈 숫자는?

(단위 : m²)

부착높이 및 특정소방대상물의 구분	감지기의 종류				
	차동식 스포트형		정온식 스포트형		
	1종	2종	특종	1종	2종
4m 미만	ⓐ	70	ⓑ	60	20
4m 이상 8m 미만	ⓒ	35	35	30	—

① ⓐ : 90, ⓑ : 60, ⓒ : 60
② ⓐ : 90, ⓑ : 70, ⓒ : 45
③ ⓐ : 80, ⓑ : 75, ⓒ : 50
④ ⓐ : 80, ⓑ : 65, ⓒ : 40

해설 ▶ 감지기 설치유효면적(내화구조인 경우)

부착높이 및 특정소방대상물의 구분	감지기의 종류				
	차동식 스포트형		정온식 스포트형		
	1종	2종	특종	1종	2종
4m 미만	ⓐ(90)	70	ⓑ(70)	60	20
4m 이상 8m 미만	ⓒ(45)	35	35	30	—

11 다음 장소에 설치되는 감지기의 최소 개수는?

□ 주용도는 사무실(바닥면적 210m²)이다.
□ 주요구조부는 내화구조이다.
□ 감지기 부착높이는 5m이다.
□ 설치감지기는 차동식 스포트형 감지기 2종이다.

① 2개
② 3개
③ 5개
④ 6개

해설 감지기 부착높이가 4m 이상 8m 미만이고 주요구조부가 내화구조일 경우 차동식 스포트형 감지기 2종의 설치유효면적은 35m²이다. 이 사무실의 면적 210m²이므로 210÷35=6 ∴감지기는 최소 6개를 설치하면 된다.

PART 06 소방시설의 종류 및 기준

▶ 교재 p.209

12 연면적 3,500m²인 아래 근린생활시설 건물의 3층에서 불이 났을 경우 경종이 울려야 하는 층은?

| 12층 |
| 11층 |
| 10층 |
| 9층 |
| 8층 |
| 7층 |
| 6층 |
| 5층 |
| 4층 |
| 3층 |
| 2층 |
| 1층 |
| 지하1층 |
| 지하2층 |
| 지하3층 |

① 전층
② 2층, 3층, 4층
③ 3층, 4층
④ 3층, 4층, 5층, 6층, 7층

해설 공동주택이 아닌 층수가 11층 이상의 특정소방대상물의 경우 2층 이상의 층에서 발화한 때에는 발화층 및 그 직상 4개 층에 경보를 발해야 하므로 3층에 불이 난 경우 3층 및 4층, 5층, 6층, 7층에서 경종이 울려야 한다.

▶ 교재 p.209

13 자동화재탐지설비 중 음향장치에 대한 설명이다. 틀린 것은?

① 층마다 설치하되 수평거리 25m 이하가 되도록 설치하고 음량 크기는 1m 떨어진 곳에서 90dB 이상이 되도록 설치한다.
② 소방활동 및 피난유도 등을 원활하게 하기 위한 목적으로 설치되는 설비로 음성입력은 실내의 경우 1W 이상, 실외의 경우 3W 이상이어야 한다.
③ 시각경보장치의 경우 청각장애인용이며, 설치높이는 바닥으로부터 2m 이상 2.5m 이하의 장소에 설치한다.
④ 30층 건축물의 2층에 불이 난 경우에는 발화층 및 그 직상 4개 층에 경보해야 한다.

해설 ②는 비상방송설비에 대한 설명이다.

정답 12.④ 13.②

O× 문제

01
R형 수신기는 일반적으로 사용되며 각 회로별 경계구역을 표시하는 지구표시등이 설치되어 있으며 성능에 따라 1급과 2급으로 구분된다. O×

× P형 수신기는 일반적으로 사용되며 각 회로별 경계구역을 표시하는 지구표시등이 설치되어 있으며 성능에 따라 1급과 2급으로 구분된다.

02
경계구역이란 자동화재탐지설비의 1회선이 화재의 발생을 유효하고 효율적으로 감지할 수 있도록 적당한 범위를 정한 구역을 말한다. O×

○

03
자동화재탐지설비의 발신기 스위치 높이는 0.6~1.2m의 높이에 설치한다. O×

× 자동화재탐지설비의 발신기 스위치 높이는 0.8~1.5m의 높이에 설치한다.

04
자동화재탐지설비의 발신기는 층마다 설치하되, 하나의 발신기까지의 수평거리가 25m 이하가 되도록 설치한다. O×

○

05
차동식 스포트형 감지기는 바이메탈, 감열판 및 접점 등으로 구분된다. O×

× 차동식 스포트형 감지기는 감열실, 다이아프램, 리크구멍, 접점 등으로 구분된다.

06
이온화식 스포트형 연기감지기는 연기에 포함된 미립자가 광원에서 방사되는 광속에 의해 산란반사를 일으키는 것을 이용한다. O×

× 이온화식 스포트형 연기감지기는 주위 공기가 일정농도 이상의 연기를 포함하게 될 경우 작동한다.

07
공동주택을 제외한 층수가 11층 이상의 특정소방대상물에서 2층 이상의 층에 발화한 때에는 발화층 및 그 직상 4개 층에 경보를 발해야 한다. O×

○

08
청각장애인용 시각경보장치는 원칙적으로 바닥으로부터 1.5m 이상 2m 이하의 장소에 설치하여야 한다. O×

× 청각장애인용 시각경보장치는 원칙적으로 바닥으로부터 2m 이상 2.5m 이하의 장소에 설치하여야 한다.

09
송배전식이란 도통시험을 원활히 하기 위한 배선방식으로 베이스 단자 내에 앞 감지기 등에서 들어온 선 및 다음 감지기 등으로 나간 선이 각 1선으로 구성된다. O×

× 송배전식이란 도통시험을 원활히 하기 위한 배선방식으로 베이스 단자 내에 앞 감지기 등에서 들어온 선 및 다음 감지기 등으로 나간 선이 각 2선으로 구성된다.

CHAPTER 04 피난구조설비의 구조

PART 06

▶ 교재 p.231

01 다음 〈보기〉에서 설명하는 것은?

| 보기 |

비상시 건물의 창, 발코니 등에서 지상까지 포대를 사용하여 그 포대 속을 활강하는 피난기구이다.

① 구조대 ② 완강기
③ 피난사다리 ④ 간이완강기

해설 비상시 건물의 창, 발코니 등에서 지상까지 포대를 사용하여 그 포대 속을 활강하는 피난기구를 구조대라 한다.

▶ 교재 p.232

02 다음 〈보기〉에서 설명하는 것은?

| 보기 |

화재발생 시 신속하게 지상으로 피난할 수 있도록 제조된 피난기구로서 장애인 복지시설, 노약자 수용시설 및 병원에 적합하다.

① 간이완강기 ② 피난대
③ 피난사다리 ④ 미끄럼대

해설 화재발생 시 신속하게 지상으로 피난할 수 있도록 제조된 피난기구로서 장애인 복지시설, 노약자 수용시설 및 병원에 적합한 것은 미끄럼대이다.

▶ 교재 p.237

03 비상조명등의 유효작동시간은?

① 10분 이상 ② 20분 이상
③ 30분 이상 ④ 40분 이상

해설 비상조명등의 유효작동시간은 20분 이상이다.

정답 01.① 02.④ 03.②

▶ 교재 p.237

04 휴대용비상조명등의 설치대상이 아닌 것은?

① 숙박시설
② 노유자시설
③ 수용인원 100명 이상의 영화상영관
④ 지하가 중 지하상가

해설 ▶ 휴대용비상조명등 설치대상

> ㉠ 숙박시설 또는 다중이용업소
> ㉡ 수용인원 100명 이상의 영화상영관, 판매시설 중 대규모점포, 철도 및 도시철도 시설 중 지하역사, 지하가 중 지하상가

▶ 교재 p.237~238

05 휴대용비상조명등의 설치기준으로 옳지 않은 것은?

① 어둠 속에서 위치를 확인할 수 있고, 사용 시 자동으로 점등되는 구조여야 한다.
② 60분 이상 유효하게 사용할 수 있는 건전지 및 배터리를 사용해야 한다.
③ 숙박시설 또는 다중이용업소에는 객실 또는 영업장안의 구획된 실마다 잘 보이는 곳에 설치해야 한다.
④ 건전지를 사용하는 경우 방전방지조치를 하여야 하고, 충전식 배터리의 경우 상시 충전되는 구조여야 한다.

해설 20분 이상 유효하게 사용할 수 있는 건전지 및 배터리를 사용해야 한다.

▶ 교재 p.239

06 다음 중 유도등 및 유도표지에 대한 설명으로 타당하지 않은 것은?

① 정상상태에서는 상용전원으로 점등되고, 정전되었을 때에는 비상전원으로 자동절환되어 20분 이상 작동할 수 있는 구조를 갖고 있어야 한다.
② 층수가 14층인 소방대상물의 경우에는 60분 이상 작동되어야 한다.
③ 주택의 세대 내에는 유도등을 설치하지 아니할 수 있다.
④ 아파트의 경우에는 통로유도표지를 설치하지 아니할 수 있다.

해설 복합건축물과 아파트의 경우, 주택의 세대 내에는 유도등을 설치하지 아니할 수 있다.

정답 04.② 05.② 06.④

PART 06 소방시설의 종류 및 기준

▶ 교재 p.239

07 유도등 및 유도표지에 대한 내용으로 옳지 않은 것은?

① 공연장·집회장에는 대형피난구유도등, 통로유도등, 객석유도등을 설치해야 한다.
② 손님이 춤을 출 수 있는 무대가 설치된 카바레에는 중형피난구유도등, 통로유도등을 설치해야 한다.
③ 창고시설에는 소형피난구유도등, 통로유도등을 설치해야 한다.
④ 층수가 11층 이상인 특정소방대상물에는 중형피난구유도등, 통로유도등을 설치해야 한다.

해설 카바레에는 대형피난구유도등, 통로유도등을 설치해야 한다.

▶ 교재 p.239~240

08 다음 중 유도등에 대한 설명으로 옳은 것은?

① 나이트클럽에는 중형피난구유도등을 설치해야 한다.
② 지하카바레의 경우 정전되었을 때 비상전원으로 자동절환되어 30분 이상 작동할 수 있어야 한다.
③ 거실통로유도등은 바닥으로부터 높이 1.5m 이상의 위치에 설치한다.
④ 숙박시설에는 통로유도표지를 설치해야 한다.

해설
① 나이트클럽에는 중형피난구유도등을 설치해야 한다. → 대형피난구유도등
② 지하카바레의 경우 정전되었을 때 비상전원으로 자동절환되어 30분 이상 작동할 수 있어야 한다. → 20분 이상
④ 숙박시설에는 통로유도표지를 설치해야 한다. → 중형피난구유도등, 통로유도등을 설치해야 한다.

▶설치장소별 유도등 및 유도표지의 종류

설치장소	유도등 및 유도표지의 종류
공연장[(종교)집회, 관람], 운동시설 카바레, 나이트클럽	대형피난구유도등 통로유도등 객석유도등
위락(관광숙박업), 판매·운수시설 의료(장례)시설 방송통신(전시)시설 지하상가, 지하철역사	대형피난구유도등 통로유도등
숙박, 오피스텔 지하층·무창층 또는 11층 이상 특정소방대상물	중형피난구유도등 통로유도등
노유자시설, 업무시설, 종교시설, 공장, 학원	소형피난구유도등 통로유도등

정답 07.② 08.③

▶ 교재 p.240

09 피난구유도등의 설치장소에 대한 내용으로 옳지 않은 것은?

① 옥내로부터 직접 지상으로 통하는 출입구 또는 그 부속실의 출입구에 설치할 것
② 안전구획된 거실로 통하는 출입구에 설치할 것
③ 직통계단의 계단실 및 그 부속실의 출입구에 설치할 것
④ 피난구의 바닥으로부터 1m 이상으로서 출입구에 인접하도록 설치할 것

해설 피난구의 바닥으로부터 1.5m 이상으로서 출입구에 인접하도록 설치할 것

▶ 교재 p.240~241

10 유도등의 설치높이로 잘못된 것은?

① 피난구유도등 – 1.5m 이상
② 복도통로유도등 – 1.5m 이상
③ 거실통로유도등 – 1.5m 이상
④ 계단통로유도등 – 1m 이하

해설 복도통로유도등은 1m 이하의 높이에 설치한다.

▶ 유도등의 설치 높이(거구오)

1m	1.5m
복도통로유도등	피난구유도등
계단통로유도등	거실통로유도등

▶ 교재 p.239

11 유도등에 대한 내용으로 옳지 않은 것은?

① 오피스텔에는 중형피난구유도등을 설치한다.
② 지하상가의 경우 60분 이상 작동할 수 있어야 한다.
③ 공연장에는 대형피난구유도등을 설치한다.
④ 교육연구시설에는 중형피난구유도등을 설치한다.

해설 교육연구시설에는 소형피난구유도등을 설치한다.

▶ 교재 p.240

12 복도통로유도등의 설치에 대한 내용으로 옳지 않은 것은?

① 피난구유도등이 설치된 출입구 맞은편 복도에 입체형 또는 바닥에 설치할 것
② 구부러진 모퉁이 및 ①에 설치된 통로유도등을 기점으로 보행거리 25m 마다 설치할 것
③ 바닥으로부터 1m 이하의 위치에 설치할 것
④ 지하층 또는 무창층의 용도가 지하역사 또는 지하상가인 경우에는 복도·통로 중앙부분의 바닥에 설치할 수 있다.

정답 09.④ 10.② 11.④ 12.②

▶ 교재 p.240

해설 구부러진 모퉁이 및 ①에 따라 설치된 통로유도등을 기점으로 보행거리 20m마다 설치할 것

13 거실통로유도등의 설치에 대한 내용으로 옳지 않은 것은?

① 거실의 통로에 설치할 것
② 구부러진 모퉁이 및 보행거리 20m 마다 설치할 것
③ 바닥으로부터 높이 1.5m 이상의 위치에 설치할 것
④ 거실 통로가 벽체 등으로 구획된 경우에는 피난구유도등을 설치할 것

해설 거실 통로가 벽체 등으로 구획된 경우에는 복도통로유도등을 설치해야 한다.

▶ 교재 p.239

14 지하상가에 설치된 유도등은 정전 시 비상전원으로 자동 절환되어 몇 분 이상 작동해야 하는가?

① 30분　　② 20분
③ 10분　　④ 60분

해설 지하상가를 비롯하여 지하층 또는 무창층으로서 도매시장·소매시장·여객자동차 터미널·지하역사, 지하층을 제외하고 층수가 11층 이상의 층인 경우 정전 시 비상전원으로 자동 절환되어 **60분 이상** 작동해야 한다.

정답 13.④　14.④

○× 문제

01
화재발생 시 신속하게 지상으로 피난할 수 있도록 제조된 피난기구로서 장애인 복지시설, 노약자 수용시설 및 병원 등에 적합한 피난기구는 구조대이다. ○×

× 화재발생 시 신속하게 지상으로 피난할 수 있도록 제조된 피난기구로서 장애인 복지시설, 노약자 수용시설 및 병원 등에 적합한 피난기구는 미끄럼대이다.

02
사용자의 몸무게에 의하여 자동적으로 내려올 수 있는 기구 중 사용자가 연속적으로 사용할 수 있는 것으로 조속기, 조속기의 연결부, 로프, 연결금속구, 벨트로 구성된 것은 간이완강기이다. ○×

× 사용자의 몸무게에 의하여 자동적으로 내려올 수 있는 기구 중 사용자가 연속적으로 사용할 수 있는 것으로 조속기, 조속기의 연결부, 로프, 연결금속구, 벨트로 구성된 것은 완강기이다.

03
건축물의 옥상층 또는 그 이하의 층에서 화재발생 시 옆 건축물로 피난하기 위해 설치하는 피난기구는 피난교이다. ○×

○

04
완강기 사용 시 빠른 이동을 위하여 두 팔을 위로 든다. ○×

× 완강기 사용 시 두 팔을 위로 올리면 벨트가 빠져 추락의 위험이 있으니 팔은 절대로 위로 올리지 말아야 한다.

05
인명구조기구에는 도르래, 공기호흡기, 인공소생기가 있다. ○×

× 인명구조기구에는 방열복, 공기호흡기, 인공소생기, 방화복이 있다.

06
비상조명등의 유효작동시간은 20분 이상이다. ○×

○

07
수용인원 50명 이상의 영화상영관, 판매시설 중 대규모점포, 철도 및 도시철도 시설 중 지하역사, 지하가 중 지하상가에는 휴대용비상조명등을 설치해야 한다. ○×

× 수용인원 100명 이상의 영화상영관, 판매시설 중 대규모점포, 철도 및 도시철도 시설 중 지하역사, 지하가 중 지하상가에는 휴대용비상조명등을 설치해야 한다.

O× 문제

08
손님이 춤을 출 수 있는 무대가 설치된 카바레, 나이트클럽 등은 대형피난구유도등, 통로유도등, 통로유도표지를 설치해야 한다. ○ ×

× 손님이 춤을 출 수 있는 무대가 설치된 카바레, 나이트클럽 등은 대형피난구유도등, 통로유도등, 객석유도등을 설치해야 한다.

09
피난구유도등은 피난구 또는 피난경로로 사용되는 출입구를 표시하여 피난을 유도하는 등으로 피난구의 바닥으로부터 높이 1.5m 이상으로서 출입구에 인접하도록 설치한다. ○ ×

○

2급 소방안전관리자 기출예상문제집

제2과목

PART 01

소방시설(소화설비, 경보설비, 피난구조설비)의 점검·실습·평가

CHAPTER 01 소화설비의 점검 · 실습 · 평가

PART 01

▶ 실무 p.73

01 다음 〈보기〉의 층에 설치하여야 하는 소형소화기의 능력단위와 적정 소화기 개수를 알맞게 짝지은 것은?

|보기|
㉠ 바닥면적은 2,000m²이다.
㉡ 용도는 판매시설이다.
㉢ 건축물은 내화구조이고 내장재는 불연재이다.
㉣ 소화기는 ABC분말소화기(3단위)를 설치한다.
㉤ 상기 외의 기준은 산정에서 제외한다.

① 20단위, 7개
② 15단위, 5개
③ 10단위, 4개
④ 5단위, 2개

해설 내화구조인 경우 기준면적의 2배를 해당 특정소방대상물의 기준면적으로 보기 때문에 판매시설의 경우 바닥면적 200m²마다 능력단위 1단위 이상이 요구되고 바닥면적 2,000m²일 경우 10단위가 필요하고, 따라서 3단위 ABC분말소화기가 4개 필요하다.

▶ 교재 p.146

02 다음 중 소화기구의 점검에 대한 설명으로 타당하지 않은 것은?

① 축압식 분말소화기의 지시압력계가 녹색의 범위 내에 있어야 적합하다.
② 축압식 분말소화기의 지시압력계가 빨간색 부분에 있는 경우 압력이 부족한 것으로 소화약제를 정상적으로 방출할 수 없다.
③ 소화기의 외관상 파손 부분이 없는지 확인한다.
④ 소화기의 설치장소가 바닥으로부터 1.5m 이하의 위치에 있는지 확인한다.

해설 축압식 분말소화기의 지시압력계가 빨간색 부분에 있는 경우 과압, 즉 압력이 높은 상태이다.

▶ 교재 p.139, p.153

03 소화기의 지시압력과 옥내소화전의 방수압력이 아래와 같을 때 옳은 것은?

	소화기	방수압력
①	양호	양호
②	양호	불량
③	불량	양호
④	불량	불량

해설 소화기의 정상 지시압력은 0.7~0.98MPa이고, 옥내소화전의 정상 방수압력은 0.17~0.7MPa이므로 소화기의 지시압력은 불량이고, 옥내소화전의 방수압력은 양호하다.

▶ 교재 p.148

04 다음 중 소화기의 실습에 대한 설명으로 옳지 않은 것은?
① 손잡이를 잡은 상태에서 소화기를 든다.
② 바람이 불어오는 방향으로 서서 화점부근으로 접근한다.
③ 안전핀을 뽑고 노즐이 화점을 향하게 한다.
④ 손잡이를 강하게 누른다.

해설 바람을 등지고 화점부근으로 접근한다.

▶ 교재 p.151

05 주거용 주방자동소화장치 약제 저장용기의 점검에 대한 내용으로 옳지 않은 것은?
① 주거용 주방자동소화장치는 축압식과 가압식이 있으며, 대부분 가압식으로 생산되고 있다.
② 소화약제도 분말소화약제, 강화액소화약제 등 다양하게 생산되고 있다.
③ 축압식소화기는 지식 압력계가 설치되어 있는데, 압력상태가 초록색의 범위 내에 있는지 확인한다.
④ 가압식소화기의 경우 가압설비 및 약제상태를 점검한다.

해설 주거용 주방자동소화장치는 축압식과 가압식이 있으며, 대부분 축압식으로 생산되고 있다.

정답 03.③ 04.② 05.①

06 주거용 주방자동소화장치 점검사항이 아닌 것은?

① 가스누설탐지부 점검 ② 감지부 시험
③ 예비전원시험 ④ 방출표시등 점검

해설 주거용 주방자동소화장치의 점검사항은 가스누설탐지부 점검, 가스누설차단밸브 시험, 예비전원시험, 감지부 시험, 제어반(수신부) 점검, 약제저장용기 점검 등이다. 방출표시등 점검은 해당사항이 없다.

07 피토게이지로 방수압력 점검 시 틀린 것은?

① 직사형 관창을 이용하여 측정한다.
② D/2에 접근하여 점검한다.
③ 분무주수로 점검한다.
④ 이물질 제거 후 점검한다.

해설 분무주수가 아니라 봉상주수 형태로 점검한다.

08 다음 중 옥내소화전 방수압력 및 방수량 측정에 대한 설명으로 옳지 않은 것은?

① 방수압력과 방수량의 측정은 어느 층에 있어서도 2개 이상 설치된 경우에는 2개(설치개수가 1개인 경우에는 1개)를, 동시에 개방시켜 놓고 측정해야 한다.
② 반드시 직사형 관창을 이용하여 측정하여야 한다.
③ 초기 방수 시 물 속에 존재하는 이물질이나 공기 등이 완전히 배출된 후에 측정하여야 한다.
④ 방수압력측정계는 봉상주수상태에서 수평으로 측정하여야 한다.

해설 방수압력측정계는 봉상주수상태에서 직각으로 측정하여야 한다.

정답 06.④ 07.③ 08.④

09 옥내소화전설비 점검 중 피토게이지로 방수압력을 측정한 결과 아래 〈그림〉과 같을 때 옳게 판단한 것은?

〈방수압력〉

① 0.17MPa보다 낮아서 불합격이다.
② 0.17~0.7MPa 범위 안에 들어서 합격이다.
③ 0.7~0.98MPa 범위 안에 들지 않아서 불합격이다.
④ 0.17~0.98MPa 범위 안에 들어서 합격이다.

해설　옥내소화전설비의 방수압력은 0.17MPa 이상 0.7MPa 이하에 있어야 하므로 〈그림〉의 옥내소화전설비의 방수압력은 합격이다.

10 분말소화기의 지시압력과 옥내소화전설비의 방수압력을 측정하였다. 결과가 다음과 같을 때 맞는 것은?

〈소화기〉　　　〈방수압력〉

	소화기	방수압력
①	불량	정상
②	정상	불량
③	정상	정상
④	불량	불량

해설　분말소화기 지시압력의 정상범위는 0.7~0.98MPa, 옥내소화전설비의 방수압력 정상범위는 0.17~0.7MPa이므로 분말소화기의 지시압력은 정상이고, 옥내소화전설비의 방수압력은 불량이다.

정답　09.② 10.②

PART 01 소방시설(소화설비, 경보설비, 피난구조설비)의 점검·실습·평가

▶ 교재 p.153

11 옥내소화전설비 점검을 아래와 같이 방수압력측정계(피토게이지)로 측정하였다. 정상 범위에 해당하는 것은?

①

②

③

④

해설 옥내소화전설비의 방수압력은 0.17~0.7MPa이어야 하므로 ②만 정상압력이다.

정답 11.②

12 다음 옥내소화전설비의 동력제어반의 상태가 아래와 같을 때 평상시 상태로 하기 위한 조치로 옳지 않은 것은?

① 주펌프 정지표시등이 점등되어야 한다.
② 충압펌프를 기동해야 한다.
③ 충압펌프 작동 스위치를 자동으로 절환해야 한다.
④ 주펌프 작동 스위치를 자동으로 절환해야 한다.

해설 충압펌프 기동표시등이 소등되어야 한다.

PART 01 소방시설(소화설비, 경보설비, 피난구조설비)의 점검·실습·평가

▶ 실무 p.80

13 동력제어반의 주펌프, 충압펌프 자동/수동 선택스위치를 자동 위치에 놓았을 경우, 감시제어반에서 충압펌프를 수동으로 동작시킬 때의 그림으로 맞는 것은?

①	선택스위치	주펌프	충압펌프
	자동 정지 수동 ●	기동 ● 정지	기동 정지 ●

②	선택스위치	주펌프	충압펌프
	자동 정지 수동 ●	기동 정지 ●	기동 ● 정지

③	선택스위치	주펌프	충압펌프
	자동 정지 수동 ●	기동 ● 정지	기동 ● 정지

④	선택스위치	주펌프	충압펌프
	자동 정지 수동 ●	기동 ● 정지	기동 정지 ●

[해설] 감시제어반에서 충압펌프를 기동하려면 선택스위치를 수동으로 하고, 충압펌프의 스위치를 기동 위치에 놓아야 한다.

▶ 교재 p.176

14 아래 〈그림〉의 습식 스프링클러설비 작동순서로 알맞은 것을 고르면?

① ㉠ → ㉡ → ㉢ → ㉣
② ㉡ → ㉠ → ㉢ → ㉣
③ ㉢ → ㉠ → ㉡ → ㉣
④ ㉢ → ㉡ → ㉠ → ㉣

[해설] 습식 스프링클러설비는 ㉠(2차측 배관의 수압이 낮아짐) → ㉡(클래퍼 개방) → ㉢(압력스위치 작동) → ㉣(사이렌 작동) 순서로 작동된다.

정답 13.② 14.①

15. 준비작동식 스프링클러설비의 점검에서 A and B감지기 작동 시 확인사항으로 옳지 않은 것은?

① 전자밸브(솔레노이드밸브) 작동
② 밸브개방표시등 점등
③ 화재표시등, A감지기 or B감지기 지구표시등 점등
④ 펌프 자동기동

해설 '화재표시등, A감지기 or B감지기 지구표시등 점등'은 A or B감지기 작동 시 확인사항이다.

16. 다음 〈사진〉은 습식 스프링클러설비이다. 클래퍼가 개방되어 배관에 압력이 가해져 압력스위치가 작동된 경우 바로 다음에 일어나는 일은?

① 2차측 배관 압력 증가
② 헤드 개방 및 방수
③ 감시제어반의 화재표시등 점등
④ 펌프 기동

해설 클래퍼 개방 → 습식 유수검지장치의 압력스위치 작동 → 사이렌 경보, 감시제어반의 화재표시등, 밸브개방표시등 점등 → 배관 내 압력저하로 기동용수압개폐장치의 압력스위치 작동 → 펌프 기동 순으로 진행된다.

17. 습식 스프링클러설비의 시험장치 개폐밸브를 개방하였을 때 확인사항으로 옳지 않은 것은?

① 화재표시등 점등 확인
② 전자밸브(솔레노이드밸브) 개방여부 확인
③ 소화펌프 자동기동 여부 확인
④ 감시제어반의 알람밸브개방표시등 점등 확인

해설 전자밸브(솔레노이드밸브) 개방여부를 확인하는 것은 준비작동식 스프링클러설비의 확인사항에 해당한다.

정답 15.③ 16.③ 17.②

PART 01 소방시설(소화설비, 경보설비, 피난구조설비)의 점검·실습·평가

▶ 교재 p.176

18 상중하
습식 스프링클러설비의 유수검지장치(알람밸브)의 압력스위치가 작동된 후 동작으로 틀린 것은?
① 사이렌 경보
② 감시제어반의 화재표시등 점등
③ 밸브개방표시등 점등
④ 클래퍼 개방

해설 클래퍼의 개방으로 압력스위치가 작동한 것이다. 압력스위치가 작동된 후에는 사이렌 경보, 감시제어반의 화재표시등, 밸브개방표시등 점등의 순서로 진행된다.

▶ 교재 p.184

19 상중하
준비작동식 유수검지장치를 작동시키는 방법으로 틀린 것은?
① 해당 방호구역의 감지기 2개 회로 작동
② 밸브 자체에 부착된 수동기동밸브 개방
③ SVP(수동조작함)의 수동조작스위치 작동
④ 감시제어반(수신기)에서 동작시험 스위치 또는 회로선택스위치로 작동

해설 감시제어반(수신기)에서 동작시험 스위치 및 회로선택 스위치로 작동(2회로 작동)해야 한다.

▶ 교재 p.178

20 상중하
준비작동식 스프링클러설비의 작동순서이다. ( ) 안에 들어갈 내용으로 맞는 것은?

㉠ 화재발생
㉡ 교차회로 방식의 A or B감지기 작동(ⓐ , 화재표시등 점등)
㉢ 감지기 A and B감지기 작동 또는 (ⓑ)
㉣ 준비작동식 유수검지장치 작동
　가. 전자밸브(솔레노이드밸브) 작동
　나. 중간챔버 감압
　다. 밸브 개방
　라. 압력스위치 작동 ⇨ (ⓒ), 밸브개방표시등 점등
㉤ 2차측으로 급수
㉥ 헤드 개방, 방수
㉦ 배관 내 압력저하로 기동용수압개방장치의 (ⓓ) ⇨ 펌프 기동

	ⓐ	ⓑ	ⓒ	ⓓ
①	사이렌 경보	수동기동장치(SVP) 작동	경종 및 사이렌 경보	압력스위치 작동
②	경종 및 사이렌 경보	수동기동장치(SVP) 작동	사이렌 경보	압력스위치 작동
③	경종 및 사이렌 경보	사이렌 경보	수동기동장치(SVP) 작동	압력스위치 작동
④	사이렌 경보	수동기동장치(SVP) 작동	압력스위치 작동	경종 및 사이렌 경보

해설 ㉠ 경종 및 사이렌 경보 – ㉡ 수동기동장치(SVP) 작동 – ㉢ 사이렌 경보 – ㉣ 압력스위치 작동 순이다.

정답 18.④ 19.④ 20.②

21

준비작동식 스프링클러설비 점검 중 실수로 아래 ㉠버튼을 건드려서 그림과 같이 되었다. 아래 그림을 보고 맞는 내용을 고르면?

① 수동으로 충압펌프가 기동된다.
② 자동으로 충압펌프가 기동된다.
③ 프리액션밸브(준비작동식 유수검지장치)가 기동하고 충압펌프가 기동한다.
④ 프리액션밸브(준비작동식 유수검지장치)가 기동하지 않고 충압펌프도 기동하지 않는다.

해설 자동/수동스위치가 연동으로 되어 있는 상태에서 충압펌프만 기동 위치로 한 경우 프리액션밸브도 기동하지 않고 충압펌프도 기동하지 않는다.

PART 01 소방시설(소화설비, 경보설비, 피난구조설비)의 점검·실습·평가

▶ 교재 p.184

22 준비작동식 스프링클러설비의 작동 방법으로 옳지 않은 것은?

① 수동조작함의 수동조작스위치 작동
② 해당 방호구역의 감지기 2개 회로 작동
③ 해당 방호구역의 발신기 작동
④ 유수검지장치에 부착된 수동기동밸브 개방

해설 ▶ 준비작동식 스프링클러설비의 작동방법

> ㉠ 해당 방호구역의 감지기 2개 회로 작동
> ㉡ SVP(수동조작함)의 수동조작스위치 작동
> ㉢ 밸브 자체에 부착된 수동기동밸브 개방
> ㉣ 감시제어반(수신기)측의 준비작동식 유수검지장치 수동기동스위치 작동
> ㉤ 감시제어반(수신기)에서 동작시험 스위치 및 회로선택스위치 작동(2회로 작동)

▶ 교재 p.185

23 준비작동식 스프링클러설비의 감시제어반 상태가 아래 〈그림〉과 같을 때 하나의 감지기를 동작시켰을 때 감시제어반의 상태를 설명한 것으로 옳은 것은? (단, 설비는 정상 작동한다)

① 화재표시등이 점등된다.
② 주펌프와 충압펌프가 기동한다.
③ 준비작동식 밸브 개방 표시등이 점등된다.
④ 전자밸브(솔레노이드밸브)가 작동된다.

정답 22.③ 23.①

해설 감지기 하나만 작동된 경우 ④ 전자밸브(솔레노이드밸브)가 작동하지 않으므로 ② 주펌프와 충압펌프는 기동하지 않고, ③ 준비작동식 밸브 개방 표시등도 점등되지 않는다.
① 감지기 하나만 작동되더라도 화재표시등은 점등된다.

24

아래 제시된 준비작동식 스프링클러설비의 감시제어반의 상태에 대한 설명으로 옳은 것은? [솔레노이드 밸브는 자동(연동) 상태이다]

① 충압펌프가 기동 중이다.
② 감시제어반에 전원이 공급되지 않고 있다.
③ 도통시험 중이다.
④ 주펌프가 기동 중이다.

해설 ① 주펌프가 기동 중이다.
② 감시제어반의 교류전원이 점등되어 있는 상태이므로 전원이 공급되고 있다.
③ 도통시험 스위치는 눌려져 있지 않으므로 도통시험 중이 아니다.
④ SP펌프 연동/수동 선택스위치가 수동으로 되어 있고, 주펌프 스위치가 기동 위치로 되어 있으므로 주펌프가 기동된 상태이다.

25

준비작동식 유수검지장치를 작동시키는 방법 중 감시제어반에서 작동시키는 방법은?
① SVP(수동조작함)의 수동조작스위치 작동
② 해당 방호구역 감지기 2개 회로 작동
③ 밸브 자체에 부착된 수동기동밸브 개방
④ 동작시험스위치 및 회로 선택스위치로 작동

해설 감시제어반(수신기)에서 작동시키는 방법은 동작시험스위치 및 회로 선택스위치로 작동(2회로 작동)하는 것이다.

정답 24.④ 25.④

26 펌프성능시험 시 준비내용으로 틀린 것은?

① 제어반에서 주,충압펌프 정지
② 펌프토출측 밸브 개방
③ 설치된 펌프의 현황을 파악하여 펌프성능시험을 위한 표 작성
④ 유량계에 100%, 150% 유량 표시

해설 펌프토출측 밸브 '폐쇄'가 맞는 내용이다.

27 체절운전은 다음 〈그림〉에서 어떤 것이 체절압력 미만에서 동작하는지를 확인하는 시험인가?

① ⓐ
② ⓑ
③ ⓒ
④ ⓓ

해설 체절운전은 펌프의 토출량을 "0"인 상태로 하여 펌프를 기동하여 체절압력을 확인하여 정격토출압력의 140% 이하인지와 체절운전 시 체절압력 미만에서 릴리프밸브(ⓓ)가 동작하는지를 확인하는 시험이다.

28 다음 중 정격부하운전 단계에 대해 순서대로 짝지은 것은?

㉠ 유량조절밸브를 서서히 개방하여 정격토출량일 때의 압력
㉡ 주펌프 정지
㉢ 성능시험배관상의 개폐밸브 완전개방, 유량조절밸브 약간만 개방
㉣ 주펌프 수동기동

① ㉢ - ㉣ - ㉠ - ㉡
② ㉠ - ㉣ - ㉢ - ㉡
③ ㉢ - ㉠ - ㉣ - ㉡
④ ㉠ - ㉢ - ㉣ - ㉡

해설) 정격부하운전은 성능시험배관상의 개폐밸브 완전개방, 유량조절밸브 약간만 개방(ⓒ) - 주펌프 수동기동(ⓓ) - 유량조절밸브를 서서히 개방하여 정격토출량일 때의 압력(ⓐ) - 주펌프 정지(ⓑ)의 순으로 진행한다.

29 펌프성능시험 중 정격부하운전 시 맞는 것은?

① 개폐밸브 완전개방, 유량조절밸브(ㄱ) 약간만 개방
② 개폐밸브 완전개방, 유량조절밸브(ㄴ) 약간만 개방
③ 개폐밸브 닫음, 유량조절밸브(ㄱ) 약간만 개방
④ 개폐밸브 닫음, 유량조절밸브(ㄴ) 약간만 개방

해설) (ㄱ)이 유량조절밸브이고, 정격부하운전 시 개폐밸브는 완전개방하고, 유량조절밸브를 약간만 개방한다.

30 펌프의 토출량이 1,000L/min이고, 펌프로부터 가장 높이 설치된 방수구까지의 높이가 100m일 때 펌프성능시험 시 합격인 것은?

펌프성능시험 결과표			
구분	체절운전	정격운전(100%)	정격유량의 150%운전
토출량(L/min)	0	1,000L/min	1,500L/min
토출압(MPa)	(㉠)MPa	(㉡)MPa	(㉢)MPa
릴리프밸브 작동압력	(㉣)MPa		

① ㉠ 1.5 ㉡ 1.2 ㉢ 0.6 ㉣ 1.3
② ㉠ 1.4 ㉡ 1.1 ㉢ 0.7 ㉣ 1.2
③ ㉠ 1.3 ㉡ 0.9 ㉢ 0.65 ㉣ 1.3
④ ㉠ 1.7 ㉡ 1.5 ㉢ 0.75 ㉣ 1.2

정답 29.① 30.②

해설 가장 높이 설치된 방수구까지의 높이가 100m인 경우 양정이 곧 100m인 펌프이므로 ㉠ 체절운전의 경우 140% 이하인 경우 합격이므로 100m × 1.4(140%) = 140m = 1.4MPa 이하이면 합격이고, ㉡ 정격운전의 경우 100m × 1.0(100%) = 100m = 1.0MPa 이상이면 합격이며, ㉢ 정격유량의 150% 운전의 경우 100m × 0.65(65%) = 65m = 0.65MPa 이상이면 합격이다. ㉣ 릴리프밸브 작동압력은 체절압력인 1.4MPa 미만에서 개방되도록 조정되어 있으면 된다.

31

〈감시제어반〉에 표시된 상황이 아래와 같을 때 〈동력제어반〉에서 켜져야 하는 표시등으로 알맞게 짝지은 것은?

① (가), (나)
② (가), (라)
③ (다), (나)
④ (다), (라)

해설 〈감시제어반〉의 주펌프와 충압펌프가 모두 수동으로 기동된 상황이므로 〈동력제어반〉의 주펌프 기동, 충압펌프 기동 표시등이 모두 켜져야 한다.

정답 31.①

32 3층 발신기에서 작동스위치가 작동되었다. 아래 수신기를 참조할 때 제대로 작동되지 않은 것은?

① 3층 발신기 응답램프가 점등되었다.
② 3층 지구표시등이 점등되었다.
③ 스위치주의등이 점등되었다.
④ 화재표시등이 점등되었다.

해설 스위치주의등이 점등된 것은 제대로 작동된 것이 아니다.

정답 32.③

PART 01 소방시설(소화설비, 경보설비, 피난구조설비)의 점검·실습·평가

▶실무 p.86

33 상 중 하

다음 〈그림〉을 참조하여, 평상시 스프링클러설비 감시제어반의 각 스위치 및 표시등의 정상상태를 알맞게 표시한 것으로 짝지은 것은?

	알람밸브개방등	화재표시등	전압지시계 표시등 위치	표시등 위치
①	점등	점등	정상	스위치주의
②	점등	소등	높음	예비전원감시
③	소등	소등	정상	교류전원
④	소등	점등	낮음	발신기

해설 감시제어반의 각 스위치 및 표시등은 정상상태일 때 알람밸브개방등 – 소등, 화재표시등 – 소등, 전압지시계 표시등 위치 – 정상, 표시등 위치 – 교류전원을 각각 표시한다.

정답 33.③

▶ 실무 p.88

34 스프링클러설비의 감시제어반의 상태가 아래와 같을 때 이후 발생되는 상황으로 옳은 것은?

① 솔레노이드밸브 정지
② 준비작동식밸브개방표시등 점등
③ 스위치주의등 점등
④ 펌프 정지

해설 감지기 A와 감지기 B 2개 모두 회로 작동된 경우이므로 ① 솔레노이드밸브 작동, ③ 사이렌 경보, ④ 펌프 자동기동이 맞는 내용이다.

▶ 교재 p.196

35 다음 중 가스계소화설비의 동작확인 내용으로 틀린 것은?

① 작동계통 정상 여부 확인
② 경보발령 여부 확인
③ 자동폐쇄장치 및 환기장치 작동 여부 확인
④ 지연장치의 지연시간 체크 확인

해설 자동폐쇄장치 작동 및 환기장치 **정지** 여부 확인이다.

정답 34.② 35.③

36

아래와 같은 가스계소화설비의 제어반 상태일 때, A감지기 동작 시 발생할 수 있는 작동 상황으로 옳은 것은?

① 솔레노이드밸브는 작동되지 않는다.
② 사이렌이 울린다.
③ 화재표시등은 점등되지 않는다.
④ 방출표시등이 점등된다.

해설
① 솔레노이드밸브는 감지기 A와 감지기 B 모두 동작해야 작동되므로 감지기 A만 동작할 경우 작동되지 않는다.
② 사이렌 버튼이 눌려져 있으므로 사이렌은 울리지 않는다.
③ 화재표시등은 점등된다.
④ 감지기 A만 동작할 경우 가스가 방출되지 않으므로 방출표시등은 점등되지 않는다.

정답 36.①

37 자체점검을 위하여 A, B감지기를 작동시켰으나 솔레노이드밸브가 작동하지 않았을 때 솔레노이드 밸브를 정상 작동시키려면 아래 〈그림〉의 감시제어반에서 작동시켜야 할 스위치와 조치방법으로 타당한 것은?

① Ⓐ번 회로시험스위치를 누른다.
② Ⓑ번 스위치를 연동 위치에 놓는다.
③ Ⓒ번 기동스위치를 누른다.
④ Ⓓ번 복구스위치를 누른다.

해설 감지기 A와 감지기 B를 작동시켰을 때는 연동으로 솔레노이드 밸브가 작동하여야 하나, 감시제어반에서 솔레노이드 밸브가 수동으로 되어 있는 상태이다. 따라서 솔레노이드 밸브를 아래로 내려 연동(자동) 위치에 놓아야 한다.

정답 37.②

38

아래 〈그림〉은 가스계소화설비의 제어반을 나타낸 것이다. 이때 감지기A와 감지기B를 작동시켰을 때 일어나는 상황을 바르게 설명한 것은?

① 솔레노이드 밸브가 작동하고 화재경보기가 작동한다.
② 솔레노이드 밸브가 작동하고 화재경보기가 작동하지 않는다.
③ 솔레노이드 밸브가 작동하지 않고 화재경보기가 작동한다.
④ 솔레노이드 밸브가 작동하지 않고 화재경보기가 작동하지 않는다.

[해설] 제어반에서 솔레노이드 밸브 수동/연동 선택스위치가 정지 상태에 있으므로 전기실 감지기A와 감지기B를 작동시켰어도 솔레노이드 밸브는 작동하지 않고, 화재경보기만 작동한다.

정답 38.③

39 아래 〈그림〉의 가스계소화설비의 제어반에서 데이터실의 감지기A와 감지기B가 작동되었을 때 점등되는 표시등과 지연시간이 흐른 후에 점등되는 표시등으로 잘못된 것은?

※ 단, 설비 작동은 정상이다.

① 수동조작 표시등
② 데이터실 방출표시등
③ 데이터실 감지기A 지구표시등
④ 화재표시등

[해설] 데이터실의 감지기A와, 감지기B가 작동되었을 때는 화재표시등, 데이터실 감지기A, B 지구표시등과 데이터실 방출표시등이 점등된다. 수동조작 표시등은 수동으로 작동시켰을 때 점등된다.

정답 39.①

CHAPTER 02 경보설비의 점검·실습·평가

▶ 교재 p.221

01 로터리 방식 자동화재탐지설비의 회로 도통시험의 적부판정방법에 대한 내용으로 옳지 않은 것은?

① 전압계가 있는 경우 단선이면 0V를 가리킨다.
② 도통시험 확인등이 있는 경우 정상인 경우 녹색으로 점등된다.
③ 전압계가 있는 경우 정상이면 22~24V를 가리킨다.
④ 도통시험 확인등이 있는 경우 단선인 경우 적색으로 점등된다.

해설 전압계가 있는 경우 정상이면 4~8V를 가리킨다.

▶ 실무 p.78

02 아래 〈사진〉과 같이 수신기내 설치된 스위치주의등이 점멸상태일 경우 원인과 조치방법으로 옳은 것은?

① 조작스위치 중 어느 하나 이상이 조작된 상태로 조작된 스위치를 원상태로 복구한다.
② 수신기가 고장난 상태로 점검해야 한다.
③ 각 경계구역의 버튼을 차례로 눌러 점검한다.
④ 수신기 단락 여부를 확인한다.

해설 조작스위치 중 어느 하나 이상이 조작된 상태로 조작된 스위치를 원상태로 복구한다.

정답 01.③ 02.①

03 **3층 발신기를 작동하여 자동화재탐지설비를 점검하였을 때 점검확인 사항으로 옳지 않은 것은?**

① 발신기 응답램프의 점등 여부를 확인한다.
② 수신기의 지구등 점등 여부를 확인한다.
③ 스위치주의등의 점등 여부를 확인한다.
④ 화재표시등 점등 여부를 확인한다.

해설 스위치주의등은 스위치를 정상 위치에 두지 않았을 때 점등되는 것으로 자동화재탐지설비 점검사항과는 관계가 없다.

04 **자동화재탐지설비의 점검에 대한 내용으로 옳지 않은 것은?**
① 로터리방식의 경우 도통시험스위치를 누른 후 회로시험스위치를 각 경계구역별로 차례로 회전하여 점검한다.
② 전압계가 6V일 경우 정상이다.
③ 예비전원시험에서 전압계가 14V일 경우 정상이다.
④ 예비전원시험은 예비전원스위치를 누른 상태로 점검한다.

해설 예비전원시험에서 전압계가 19~29V일 경우 정상이다.

05 **자동화재탐지설비의 예비전원시험에 대한 내용으로 옳지 않은 것은?**
① 예비전원 시험스위치를 누르고 있을 경우에만 시험 가능하다.
② 전압계인 경우 정상이면 14~28V를 가리킨다.
③ 램프방식인 경우 정상이면 녹색을 가리킨다.
④ 예비전원의 전압 및 상호 자동절환이 정상인지 확인한다.

해설 전압계인 경우 정상이면 19~29V를 가리킨다.

정답 03.③ 04.③ 05.②

06. 자동화재탐지설비의 점검사항으로 옳지 않은 것은?

① 비상전원 연결소켓이 분리된 경우 예비전원감시등이 점등된다.
② 수신기 내부의 퓨즈가 단선되면 퓨즈 옆에 적색 LED가 점등된다.
③ 점검시간을 단축하기 위하여 수신기를 축적위치로 하고 감지기 점검을 실시한다.
④ 수신기에 공급되는 전압상태가 정상상태라면 교류전원등에 점등되고, 전압지시 표시등은 정상에 점등되어야 한다.

[해설] 수신기를 비축적위치로 하고 감지기 점검을 실시한다.

07.
소방안전관리자 A는 ○○빌딩 각 층의 감지기 작동점검을 실시하였다. 검사 도중 감지기 LED가 점등되지 않아 감지기 회로 전압을 확인하였는데, 아래와 같이 측정되었다. 아래 상황을 설명한 내용으로 옳은 것은?

① 위의 결과로 보았을 때, 회로도통시험 시 도통시험지시등의 적색등이 점등된다.
② 정격전압의 80% 이상이므로 감지기 불량으로 감지기를 교체한다.
③ 감지기 전압 측정결과 20.32V이므로 회로가 단선되었다.
④ 수신기의 전원스위치가 OFF 상태이므로 ON 위치로 한다.

[해설] ① 도통시험지시등의 적색등이 점등되는 것은 단선(0V)일 경우이다.
③ 감지기 전압 측정결과 20.32V로 정격전압 80% 이상일 경우 감지기 불량이다. 0V일 경우 회로 단선이다.
④ 수신기의 전원스위치 OFF 상태와 점검결과와는 관련 없다.

▶ 교재 p.218

08 P형 수신기(로터리 방식)의 동작시험 순서로 올바른 것은?

> ㉠ 동작시험 스위치를 누른다.
> ㉡ 경계구역마다 회로선택스위치를 차례로 회전시켜 시험한다.
> ㉢ 화재표시등, 지구(경계구역)표시등, 음향장치의 작동 등 정상 동작여부를 확인한다.
> ㉣ 자동복구스위치를 누른다.
> ㉤ 수신기를 초기상태로 복구한다.

① ㉠ → ㉡ → ㉢ → ㉣ → ㉤
② ㉠ → ㉡ → ㉢ → ㉤ → ㉣
③ ㉠ → ㉣ → ㉡ → ㉢ → ㉤
④ ㉠ → ㉣ → ㉡ → ㉤ → ㉢

해설 '㉠ 동작시험 스위치를 누른다. → ㉣ 자동복구스위치를 누른다. → ㉡ 경계구역마다 회로선택스위치를 차례로 회전시켜 시험한다. → ㉢ 화재표시등, 지구(경계구역)표시등, 음향장치의 작동 등 정상 동작여부를 확인한다. → ㉤ 수신기를 초기상태로 복구한다.' 순으로 동작시험이 진행된다.

▶ 교재 p.218

09 P형수신기의 동작시험 순서로 알맞은 것은?

> ㉠ 동작시험 및 자동복구 시험스위치를 누른다.
> ㉡ 회로선택스위치를 차례로 회전시켜 시험한다.
> ㉢ 화재표시등, 각 지구표시등, 기타 표시장치의 점등, 음향장치의 작동을 확인한다.
> ㉣ 동작시험 및 자동복구 시험스위치를 복구한다.
> ㉤ 수신기를 초기상태로 복구한다.

① ㉠ - ㉡ - ㉢ - ㉣ - ㉤
② ㉠ - ㉢ - ㉣ - ㉤ - ㉡
③ ㉠ - ㉡ - ㉣ - ㉢ - ㉤
④ ㉠ - ㉢ - ㉤ - ㉣ - ㉡

해설 '㉠ 동작시험 및 자동복구 시험스위치를 누른다. → ㉡ 회로선택스위치를 차례로 회전시켜 시험한다. → ㉢ 화재표시등, 각 지구표시등, 기타 표시장치의 점등, 음향장치의 작동을 확인한다. → ㉣ 동작시험 및 자동복구 시험스위치를 복구한다. → ㉤ 수신기를 초기상태로 복구한다.' 순으로 동작시험이 진행된다.

정답 08.③ 09.①

PART 01 소방시설(소화설비, 경보설비, 피난구조설비)의 점검·실습·평가

▶ 교재 p.209, p.221

10 상중하
다음 전압계가 있는 수신기의 도통시험 결과와 각 층의 동작시험에 따른 음향장치의 음량 크기를 측정한 점검결과에 대한 설명으로 옳지 않은 것은?

〈점검결과〉

경계구역(층)	수신기 도통시험(V)	수신기 동작시험 시 음량 크기
지하1층	0V	90db
1층	6V	100db
2층	8V	80db

① 지하1층의 도통시험 결과는 불량이다.
② 1층 음향장치의 음량 크기는 정상이다.
③ 2층 음향장치의 음량 크기는 정상이다.
④ 1층의 도통시험 결과는 정상이다.

해설 2층 음향장치의 음량 크기는 80db로 기준치인 90db 이상에 못 미치므로 불량이다.

▶ 교재 p.221

11 상중하
다음 중 수신기의 회로도통시험과 관련이 없는 것은?
① 도통시험스위치를 누른다.
② 회로선택스위치를 각 경계구역에 맞춰 회전시킨다.
③ 자동복구스위치를 눌러놓고 시험한다.
④ 전압계가 있는 경우 도통시험 시 정상전압은 4~8[V]이다.

해설 자동복구스위치를 눌러놓고 시험하는 것은 동작시험이다. 회로도통시험 시에는 자동복구스위치를 눌러놓고 시험하지 않는다.

정답 10.③ 11.③

12 아래와 같은 수신기에서 회로시험스위치를 정상위치에서 1, 2번을 거쳐 3번으로 돌렸을 때 나타나는 현상으로 옳은 것은?

※ 수신기는 현재 비축적상태이다.

① E/V의 지구표시등만 점등상태를 계속 유지한다.
② 도통시험 표시등의 정상등이 미점등상태를 유지한다.
③ 주경종과 지구경종은 작동되나 화재표시등은 미점등상태를 유지한다.
④ 전산실, 주계단, E/V의 지구표시등이 점등상태를 계속 유지한다.

해설 동작시험스위치가 눌려져 있는 상태이므로 회로선택스위치를 1, 2번에서 3번으로 돌렸다면 화재표시등, 주경종, 지구경종과 E/V의 지구표시등이 점등상태를 유지한다. 동작시험 중이므로 도통시험 표시등의 정상등은 미점등상태를 유지한다.

PART 01 소방시설(소화설비, 경보설비, 피난구조설비)의 점검·실습·평가

▶ 실무 p.78

13 상 중 하
아래 자동화재탐지설비의 수신기의 상태를 보았을 때 3층 발신기의 작동 시 확인할 수 있는 것으로 옳지 않은 것은?

① 수신기의 발신기 표시등 점등
② 수신기의 3층 지구표시등 점등
③ 수신기의 화재표시등 점등
④ 수신기의 스위치주의등 점멸

해설 3층 발신기가 작동했을 경우 화재표시등 점등, 수신기의 발신기 표시등 점등, 수신기의 3층 지구표시등 점등은 확인할 수 있으나, 스위치주의등 점멸은 확인할 수 없다.

정답 13.④

14 다음 〈그림〉은 A건물의 P형 수신기이다. 예비전원시험에 대한 내용으로 옳지 않은 것은?

① 예비전원 스위치를 누른 상태에서 시험한다.
② 전압계의 경우 19~29V인 경우 정상이다.
③ 램프방식의 경우 스위치주의등이 점등된 경우 정상이다.
④ 예비전원의 전압 및 상호 자동절환이 정상인지 확인한다.

해설 램프방식의 경우 녹색등이 점등된 경우 정상이다.

PART 01 소방시설(소화설비, 경보설비, 피난구조설비)의 점검·실습·평가

▶ 교재 p.218~223

15 상중하
자동화재탐지설비 점검에 대한 설명으로 옳지 않은 것은?
① 동작시험 및 자동복구 시험스위치를 누른 후 각 경계구역별 동작버튼을 누른 후 시험한다.
② 전압계가 있는 경우 24V이면 정상, 0V이면 단선이다.
③ 예비전원시험에서 19~29V인 경우 정상이다.
④ 감지기 사이의 회로배선은 송배전식으로 한다.

해설 전압계가 있는 경우 4~8V이면 정상이고, 0V이면 단선이다.

▶ 교재 p.221

16 상중하
P형 수신기(버튼식) 도통시험의 결과가 정상임을 알려주는 것은?
① 전압지시 녹색등
② 교류전원 녹색등
③ 각 경계구역 녹색등
④ 측정전압 0V

해설 P형 수신기(버튼식) 도통시험은 각 경계구역과의 연결을 시험하는 것이므로 각 경계구역을 나타내는 등이 녹색등으로 점등되면 정상이다.

정답 15.② 16.③

▶ 교재 p.226

17 상중하

차동식열감지기가 천장형온풍기에 밀접하게 설치되어 오동작이 발생하였다. 올바른 조치가 아닌 것은?

① 감지기 위치를 기류방향 외에 이격설치한다.
② 감지기의 면적을 고려하여 연기감지기로 교체한다.
③ 감지기로 바람이 들어오지 않게 바람의 방향을 막아준다.
④ 정온식 감지기로 교체한다.

해설 정온식 감지기로 교체하는 것은 천장형온풍기의 열기로 인해 오동작이 발생할 수 있으므로 올바른 조치가 아니다.

▶ 교재 p.228

18 상중하

비화재보 발생 시 조치 방법을 순서대로 나열한 것은?

㉮ 수신기 확인	㉯ 실재화재 여부 확인
㉰ 수신기 복구	㉱ 음향장치 복구
㉲ 음향장치 정지	㉳ 비화재보 원인 제거

① ㉮ → ㉰ → ㉯ → ㉲ → ㉱ → ㉳
② ㉮ → ㉰ → ㉯ → ㉲ → ㉳ → ㉱
③ ㉮ → ㉯ → ㉲ → ㉰ → ㉱ → ㉳
④ ㉮ → ㉯ → ㉲ → ㉳ → ㉰ → ㉱

해설 비화재보 시 ㉮ 수신기 확인 → ㉯ 실재화재 여부 확인 → ㉲ 음향장치 정지 → ㉳ 비화재보 원인 제거 → ㉰ 수신기 복구 → ㉱ 음향장치 복구 순으로 대처한다.

정답 17.④ 18.④

CHAPTER 03 피난구조설비의 점검·실습·평가

PART 01

▶ 교재 p.233

01 다음 중 3층인 노유자시설에서 적합하지 않은 피난시설은?

① 간이완강기
② 미끄럼대
③ 승강식피난기
④ 다수인피난장비

해설 간이완강기는 노유자시설 3층에 설치하기 적합하지 않다.

▶ 교재 p.233

02 다음 중 5층인 조산원에 설치하기 적합하지 않은 것은?

① 구조대
② 미끄럼대
③ 피난용트랩
④ 피난교

해설 4층 이상 10층 이하 조산원인 경우 미끄럼대는 설치하기 적합하지 않다.

▶ 교재 p.233

03 2층에 설치된 키즈카페업의 피난시설로 적합하지 않은 것은?

① 피난사다리
② 미끄럼대
③ 피난용트랩
④ 승강식피난기

해설 2층에 설치된 다중이용업소인 키즈카페업의 피난시설로는 미끄럼대, 피난사다리, 구조대, 완강기, 다수인피난장비, 승강식피난기가 적합하다.

정답 01.① 02.② 03.③

▶ 교재 p.233

04 다음 소방대상물의 설치장소별 피난기구의 적응성으로 옳은 것은?

① 다중이용업소 2층에 간이완강기를 설치하였다.
② 교육연구시설 5층에 미끄럼대를 설치하였다.
③ 공연장 3층에 피난사다리를 설치하였다.
④ 입원실이 있는 조산원 4층에 완강기를 설치하였다.

해설
① 다중이용업소 2층에는 미끄럼대, 피난사다리, 구조대, 완강기, 다수인피난장비, 승강식피난기가 적응성 있는 피난기구에 해당한다.
② 교육연구시설은 그 밖의 것의 적응성에 해당되는데 5층에는 피난사다리, 구조대, 완강기, 피난교, 간이완강기, 공기안전매트, 다수인피난장비, 승강식피난기가 적응성 있는 피난기구에 해당한다.
③ 그 밖의 것에 해당하는 공연장 3층에는 피난사다리를 설치할 수 있다. 그 밖의 것 3층에는 미끄럼대, 피난사다리, 구조대, 완강기, 피난교, 피난용트랩, 간이완강기, 공기안전매트, 다수인피난장비, 승강식피난기가 적응성 있는 피난기구에 해당한다.
④ 입원실이 있는 조산원 4층에는 구조대, 피난교, 피난용트랩, 다수인피난장비, 승강식피난기가 적응성 있는 피난기구에 해당한다.

▶ 교재 p.233

05 다음 소방대상물의 설치장소별 적응성으로 옳은 것은?

① 다중이용업소 2층에 간이완강기를 설치하였다.
② 다중이용업소 3층에 피난사다리를 설치하였다.
③ 교육연구시설 5층에 미끄럼대를 설치하였다.
④ 입원실이 있는 조산원 4층에 완강기를 설치하였다.

해설
① 다중이용업소 2층에는 미끄럼대, 피난사다리, 구조대, 완강기, 다수인피난장비, 승강식피난기가 적응성 있는 피난기구에 해당한다.
② 다중이용업소 3층에는 피난사다리를 설치할 수 있다. 다중이용업소 3층에는 미끄럼대, 피난사다리, 구조대, 완강기, 다수인피난장비, 승강식피난기가 적응성 있는 피난기구에 해당한다.
③ 교육연구시설은 그 밖의 것의 적응성에 해당되는데 5층에는 피난사다리, 구조대, 완강기, 피난교, 간이완강기, 공기안전매트, 다수인피난장비, 승강식피난기가 적응성 있는 피난기구에 해당한다.
④ 입원실이 있는 조산원 4층에는 구조대, 피난교, 피난용트랩, 다수인피난장비, 승강식피난기가 적응성 있는 피난기구에 해당한다.

정답 04.③ 05.②

06 소방대상물의 설치장소별 피난기구의 적응성에 대한 설명으로 옳지 않은 것은?

① 간이완강기 – 숙박시설의 3층 이상에 있는 객실
② 공기안전매트 – 공동주택
③ 미끄럼대, 피난사다리, 구조대, 완강기, 다수인피난장비, 승강식피난기 – 영업장의 위치가 5층인 노래연습장업
④ 미끄럼대, 공기안전매트, 간이완강기 – 의료시설의 4층

해설 의료시설 4층에는 구조대, 피난교, 피난용트랩, 다수인피난장비, 승강식피난기가 적응성이 있다. 미끄럼대, 공기안전매트, 간이완강기 모두 적응성이 없다.

07 특정소방대상물 4층에 운영하고 있는 다중이용업소에 적응성이 없는 피난기구는?

① 승강식피난기
② 피난용트랩
③ 미끄럼대
④ 피난사다리

해설 다중이용업소 4층에는 미끄럼대, 피난사다리, 구조대, 완강기, 다수인피난장비, 승강식피난기가 적응성 있는 피난기구에 해당한다.

08 유도등 점검으로 옳지 않은 것은?

① 2선식 유도등은 평상시 점등되어 있는지 확인한다.
② 3선식 유도등은 점등스위치를 ON하고 건물 내 점등이 안 되는 유도등을 확인한다.
③ 2선식 유도등을 껐을 때 예비배터리에 충전되는지 확인한다.
④ 3선식 유도등의 경우 스프링클러설비 등을 현장에서 작동과 동시에 유도등이 점등되는지 확인한다.

해설 2선식 유도등을 절전을 위하여 꺼 놓으면 유도등 내의 예비배터리가 충전되어 있지 않아 정전 시에도 점등이 되지 않는다.

정답 06.④ 07.② 08.③

▶ 교재 p.243

09 유도등 점검내용으로 옳지 않은 것은?
① 3선식 유도등은 수신기에서 수동으로 점등시킨 후 점등여부 확인
② 2선식 유도등일 경우 평상시 점등되어 있는지 여부 확인
③ 3선식 유도등일 경우 감지기 또는 발신기를 현장에서 동작시켜 유도등이 점등되는지 확인
④ 수신기에서 예비전원 시험을 통해 유도등의 예비전원 상태 확인

해설 예비전원 점검은 외부에 있는 점검스위치(배터리상태 점검스위치)를 당겨보는 방법 또는 점검버튼을 눌러서 점등상태를 확인한다.

▶ 교재 p.243

10 유도등 점검내용으로 옳지 않은 것은?
① 3선식 유도등은 수신기에서 수동으로 작동시킨 후 점등여부 확인
② 2선식 유도등일 경우 평상시 점등되어 있는지 여부 확인
③ 3선식 유도등은 감지기 · 발신기 · 중계기 · 스프링클러설비 등을 현장에서 작동 후 10초 이내에 유도등이 점등되는지는 확인한다.
④ 예비전원 상태의 점검은 점검버튼을 눌러서 점등상태를 확인한다.

해설 3선식 유도등은 감지기 · 발신기 · 중계기 · 스프링클러설비 등을 현장에서 작동(동작)과 동시에 유도등이 점등되는지는 확인한다.

▶ 교재 p.241

11 유도등을 나타낸 아래 그림을 보고 옳지 않은 것을 고르시오.

ⓒ   ⓒ   ⓒ

① ㉠은 통로유도등, ㉡은 피난구유도등, ㉢은 객석유도등이다.
② ㉠은 각각 복도, 거실 및 계단 통로 유도등으로 구분된다.
③ ㉡은 피난구의 바닥으로부터 1.5m 이상으로서 출입구에 인접한 곳에 설치하여야 한다.
④ ㉢은 객석통로의 직선부분의 길이가 43m이면 7개를 설치하여야 한다.

해설 ④ 객석유도등 설치개수(개) = $\dfrac{\text{객석통로의 직선부분의 길이(m)}}{4} - 1$ 이므로

$43 \div 4 - 1 = 9.75$ ∴ 10개를 설치해야 한다.

정답 09.④ 10.③ 11.④

12

다음 〈사진〉은 무엇을 점검하는 것인가? (왼쪽 사진은 화살표 부분을 손으로 당기고 있다)

① 작동 점검 ② 예비전원 점검
③ 단선 점검 ④ 조도 점검

해설 좌측 사진의 화살표를 잡아당기고, 우측 사진의 버튼을 눌러서 점등 상태를 확인하는 것은 모두 예비전원 점검이다.

13

유도등 점검으로 틀린 것은?

① 지하상가의 경우 정전 시 60분 이상 작동되는지 확인한다.
② 3선식 배선의 경우 감지기 작동 시 점등되는지 확인한다.
③ 2선식 배선의 경우 항상 점등되어 있는지 확인한다.
④ 예비전원 상태의 점검은 수신반에서 점검한다.

해설 예비전원 상태의 점검은 외부에 있는 점검스위치를 당겨보는 방법 또는 점검버튼을 눌러서 점등상태를 확인하는 방법으로 한다.

14

객석통로의 직선부분의 길이가 17m일 때 객석유도등의 설치 개수는?

① 3개 ② 4개
③ 5개 ④ 6개

해설 객석유도등의 개수 = $\dfrac{객석통로의\ 직선부분의\ 길이(m)}{4} - 1 = \dfrac{17}{4} - 1 = 3.25$

∴ 4개를 설치해야 한다.

▶ 교재 p.242

15 다음 중 유도등의 3선식 배선 시 자동으로 점등되는 경우가 아닌 것은?
① 방재업무를 통제하는 곳 또는 전기실의 배전반에서 자동으로 점등하는 때
② 상용전원이 정전되거나 전원이 단선되는 때
③ 자동소화설비가 작동되는 때
④ 자동화재탐지설비의 감지기 또는 발신기가 작동되는 때

해설 방재업무를 통제하는 곳 또는 전기실의 배전반에서 수동으로 점등하는 때이다.

▶ 교재 p.242

16 다음 중 유도등 설치 시 3선식 배선이 가능한 경우가 아닌 것은?
① 소방대상물 또는 그 부분에 사람이 없는 경우
② 내부광(光)에 따라 피난구 또는 피난방향을 쉽게 식별할 수 있는 장소로 상시 충전되는 구조인 경우
③ 공연장, 암실(暗室) 등으로서 어두워야 할 필요가 있는 장소로 상시 충전되는 구조인 경우
④ 특정소방대상물에 관계인 또는 종사원이 주로 사용하는 장소로 상시 충전되는 구조인 경우

해설 '외부광(光)에 따라 피난구 또는 피난방향을 쉽게 식별할 수 있는 장소로 상시 충전되는 구조인 경우'이다.

▶ 교재 p.242

17 유도등의 3선식 배선 시 자동으로 점등되는 경우가 아닌 것은?
① 자동화재탐지설비의 감지기와 발신기가 작동하는 때
② 상용전원이 정전된 때
③ 자동소화설비가 작동되는 때
④ 비상경보설비의 발신기가 작동되는 때

해설 자동화재탐지설비의 감지기 또는 발신기가 작동하는 때이다.

정답 15.① 16.② 17.①

2급 소방안전관리자 기출예상문제집

제2과목

PART 02

소방계획의 수립 이론 · 실습 · 평가

PART 02 소방계획의 수립 이론·실습·평가

▶ 교재 p.250

01 다음 중 소방계획의 주요내용에 대한 내용으로 틀린 것은?
① 소방안전관리대상물에 설치한 전기시설·수도시설·가스시설 및 위험물시설현황
② 화재예방을 위한 자체점검계획 및 진압대책
③ 소방교육 및 훈련에 관한 계획
④ 소방안전관리대상물의 위치·구조·연면적·용도·수용인원 등 일반현황

해설 소방안전관리대상물에 설치한 전기시설·가스시설 및 위험물시설현황이다.

▶ 교재 p.250

02 소방계획서 작성 내용에 포함되지 않는 것은?
① 건물의 증축·리모델링에 대한 계획
② 방화시설의 점검·정비계획
③ 위험물의 저장·취급에 관한 사항
④ 소방훈련 및 교육에 관한 계획

해설 ▶ 소방계획서 주요내용

ⓐ 소방안전관리대상물의 위치·구조·연면적·용도 및 수용인원 등 일반 현황
ⓑ 소방안전관리대상물에 설치한 소방시설·방화시설(防火施設), 전기시설·가스시설 및 위험물시설의 현황
ⓒ 화재 예방을 위한 자체점검계획 및 진압대책
ⓓ 소방시설·피난시설 및 방화시설의 점검·정비계획
ⓔ 피난층 및 피난시설의 위치와 피난경로의 설정, 장애인 및 노약자의 피난계획 등을 포함한 피난계획
ⓕ 방화구획, 제연구획, 건축물의 내부 마감재료 및 방염대상물품의 사용현황과 그 밖의 방화구조 및 설비의 유지·관리계획
ⓖ 관리의 권원이 분리된 소방안전관리에 관한 사항
ⓗ 소방훈련·교육에 관한 사항
ⓘ 소방안전관리대상물의 근무자 및 거주자의 자위소방대 조직과 대원의 임무(화재 안전취약자의 피난 보조 임무를 포함한다)에 관한 사항
ⓙ 화기 취급 작업에 대한 사전 안전조치 및 감독 등 공사 중 소방안전관리에 관한 사항
ⓚ 소화에 관한 사항과 연소 방지에 관한 사항
ⓛ 위험물의 저장·취급에 관한 사항
ⓜ 소방안전관리에 대한 업무수행에 관한 기록 및 유지에 관한 사항
ⓝ 화재발생 시 화재경보, 초기소화 및 피난유도 등 초기대응에 관한 사항
ⓞ 그 밖에 소방안전관리를 위하여 소방본부장 또는 소방서장이 소방안전관리대상물의 위치·구조·설비 또는 관리 상황 등을 고려하여 소방안전관리에 필요하여 요청하는 사항

정답 01.① 02.①

03 소방계획의 내용으로 볼 수 없는 것은?

① 화재 예방을 위한 자체점검계획 및 진압대책
② 장애인 및 노약자의 피난계획을 포함한 피난계획
③ 소방설비의 유지관리계획
④ 화재예방강화지구의 지정

해설 시·도지사가 화재가 발생할 우려가 높거나 화재가 발생하는 경우 그로 인하여 피해가 클 것으로 예상되는 지역을 화재예방강화지구로 지정한다. 따라서 소방안전관리자가 소방계획으로 정할 수 있는 사항이 아니다.

04 특정소방대상물의 소방계획서 작성 시 주요내용에 해당하지 않는 것은?

① 화재 예방을 위한 자체점검계획 및 진압대책
② 소화와 연소 방지에 관한 사항
③ 화재원인 조사에 관한 사항
④ 피난층 및 피난시설의 위치와 피난경로의 설정(화재안전취약자의 피난계획 포함)

해설 화재원인 조사는 조사에 필요한 전문적 지식과 기술을 가진 조사관이 수행해야 한다. 따라서 소방안전관리자가 소방계획으로 정할 수 있는 사항이 아니다.

05 아래 〈보기〉에 해당하는 소방계획의 주요원리로 맞는 것은?

| 보기 |
| 모든 형태의 위험을 포괄하고, 재난의 전주기적 단계의 위험성 평가 |

① 통합적 안전관리
② 종합적 안전관리
③ 지속적 발전모델
④ 단속적 발전모델

해설 모든 형태의 위험을 포괄하고, 재난의 전주기적 단계의 위험성을 평가하는 것은 "종합적" 안전관리에 해당한다.

정답 03.④ 04.③ 05.②

06 소방계획 수립절차의 순서로 알맞게 배열한 것은?

㉠ 위험환경 분석 ㉡ 사전기획
㉢ 시행 및 유지관리 ㉣ 설계 및 개발

① ㉠ → ㉡ → ㉢ → ㉣
② ㉡ → ㉢ → ㉣ → ㉠
③ ㉡ → ㉠ → ㉣ → ㉢
④ ㉠ → ㉡ → ㉣ → ㉢

해설 소방계획의 수립절차는 ㉡ 사전기획 – ㉠ 위험환경분석 – ㉣ 설계 및 개발 – ㉢ 시행 및 유지관리의 단계로 구성된다.

07 소방계획의 절차는 1단계(사전기획) → 2단계(위험환경 분석) → 3단계(설계/개발) → 4단계(시행/유지관리)의 단계를 거쳐 시행된다. 2단계 위험환경 분석 내용에 해당되지 않는 것은?

① 위험환경 식별
② 위험환경 예방·대응계획 수립
③ 위험환경 분석/평가
④ 위험경감대책 수립

해설 위험환경 분석은 위험환경 식별 → 위험환경 분석/평가 → 위험경감대책 수립의 단계로 진행된다.

08 다음의 소방계획서 관련 대화 내용에서 옳은 설명을 한 학생을 모두 고른 것은?

대한 : 소방계획서란 예방, 대비, 대응, 복구의 재난 전주기적 내용을 담고 있어야 해.
민국 : 소방계획은 사전기획, 위험환경 분석, 설계·계발, 시행·유지관리 4단계 수립절차로 구성되어 있어.
무궁 : 소방교육·훈련 실시 결과 기록부를 1년간 보관해야 해.

① 민국, 무궁
② 대한, 민국, 무궁
③ 대한, 민국
④ 대한, 무궁

해설 소방교육·훈련 실시 결과 기록부를 2년간 보관해야 해야 한다.

정답 06.③ 07.② 08.③

O× 문제

01
종합적 위험관리의 주요내용은 외부적으로 거버넌스 및 안전관리 네트워크 구축, 내부적으로 협력 및 파트너십 구축, 전원참여가 있다. O×

× 통합적 위험관리의 주요내용은 외부적으로 거버넌스 및 안전관리 네트워크 구축, 내부적으로 협력 및 파트너십 구축, 전원참여가 있다.

02
소방계획의 작성에서 가장 핵심적인 측면은 위험관리이다. O×

O

03
소방계획의 수립 및 시행과정에 방문자를 제외한 소방안전관리대상물의 관계인, 재실자 등이 참여하도록 수립하여야 한다. O×

× 소방계획의 수립 및 시행과정에 소방안전관리대상물의 관계인, 재실자 및 방문자 등 전원이 참여하도록 수립하여야 한다.

04
체계적이고 전략적인 계획의 수립을 위해 작성 – 검토 – 승인 – 평가의 4단계의 구조화된 절차를 거쳐야 한다. O×

× 체계적이고 전략적인 계획의 수립을 위해 작성 – 검토 – 승인의 3단계의 구조화된 절차를 거쳐야 한다.

05
소방계획의 수립절차 중 대상물 내 물리적 및 인적 위험요인 등에 대한 위험요인을 식별하고, 이에 대한 분석 및 평가를 정성적·정량적으로 실시한 후 이에 대한 대책을 수립하는 단계는 설계 및 개발 단계이다. O×

× 소방계획의 수립절차 중 대상물 내 물리적 및 인적 위험요인 등에 대한 위험요인을 식별하고, 이에 대한 분석 및 평가를 정성적·정량적으로 실시한 후 이에 대한 대책을 수립하는 단계는 위험환경분석 단계이다.

2급 소방안전관리자 기출예상문제집

제2과목

PART 03

자위소방대 및
초기대응체계
구성·운영

PART 03 자위소방대 및 초기대응 체계 구성·운영

▶ 교재 p.255

01 상중하

자위소방대의 소방활동으로 잘못 연결된 것은?

① 피난유도 - 위험물시설에 대한 제어 및 비상반출
② 초기소화 - 초기소화설비를 이용한 조기 화재진압
③ 비상연락 - 화재신고 및 통보연락 업무
④ 응급구조 - 응급의료소 설치·지원

해설 ▶ 자위소방활동

구분	업무특성
비상연락	화재 시 상황전파, 화재신고(119) 및 통보연락 업무
초기소화	초기소화설비를 이용한 조기 화재진압
응급구조	응급상황 발생 시 응급조치 및 응급의료소 설치지원
방호안전	화재확산방지, 위험물시설에 대한 제어 및 비상반출
피난유도	재실자, 방문자의 피난유도 및 재해약자에 대한 피난보조 활동

▶ 교재 p.255

02 상중하

자위소방대의 주요업무에 관한 설명으로 옳지 않은 것은?

① 피난유도 - 피난유도 및 재해약자에 대한 피난보조 활동
② 초기소화 - 위험물시설에 대한 제어 및 비상반출
③ 응급구조 - 응급상황 발생 시 응급조치 등
④ 비상연락 - 화재 시 상황전파, 화재신고(119) 및 통보연락 업무

해설 '초기소화 - 초기소화설비를 이용한 조기 화재진압'이다. 위험물시설에 대한 제어 및 비상반출은 방호안전에 해당한다.

정답 01.① 02.②

03 자위소방대 인력편성에 대한 내용으로 옳지 않은 것은?

① 각 팀별 최소편성 인원은 2명 이상으로 하고 각 팀별 책임자를 지정하여 운영한다.
② 소방안전관리자를 자위소방대장으로 지정하고, 소방안전관리대상물의 소유주, 법인의 대표 또는 관리기관의 책임자를 부대장으로 지정한다.
③ 소방안전관리대상물의 대장 또는 부대장이 대상물에 부재하는 경우에는 업무를 대리하기 위하여 대리자를 지정하여 운영한다.
④ 각 팀별 구성인원이 부족한 경우에는 팀별 기능을 통합하여 팀 조직을 가감하거나 현장대응팀으로 구성하여 운영할 수 있다.

해설 소방안전관리대상물의 소유주, 법인의 대표 또는 관리기관의 책임자를 자위소방대장으로 지정하고, 소방안전관리자를 부대장으로 지정한다.

04 다음 초기대응체계의 인원편성에 대한 내용으로 옳지 않은 것은?

① 소방안전관리자, 경비(보안) 근무자 또는 대상물 관리인 등 비상시 근무자를 중심으로 구성한다.
② 소방안전관리대상물의 근무자의 근무위치, 근무인원 등을 고려하여 편성한다.
③ 초기대응체계 편성 시 1명 이상은 수신반(또는 종합방재실)에 근무해야 한다.
④ 휴일 및 야간에 무인경비시스템을 통해 감시하는 경우에는 무인경비회사와 비상연락체계를 구축할 수 있다.

해설 소방안전관리보조자, 경비(보안) 근무자 또는 대상물 관리인 등 상시 근무자를 중심으로 구성한다.

05 자위소방대 초기대응체계의 인원편성에 대해 틀린 것은?

① 소방안전관리보조자, 경비근무자 또는 대상물 관리인 등 상시 근무자를 중심으로 구성한다.
② 소방안전관리대상물의 근무자의 근무위치, 근무인원 등을 고려하여 편성한다.
③ 초기대응체계편성 시 2명 이상은 수신반에 근무해야 한다.
④ 휴일 및 야간에는 무인경비회사와 비상연락체계를 구축할 수 있다.

해설 초기대응체계편성 시 1명 이상은 수신반에 근무해야 한다.

정답 03.② 04.① 05.③

PART 03 자위소방대 및 초기대응체계 구성·운영

▶교재 p.259

06 자위소방대 인력편성과 구성에 대한 설명으로 옳지 않은 것은?

① 자위소방대원은 상시 근무하거나 거주하는 인원 중 자위소방활동이 가능한 인력으로 편성한다.
② 자위소방대의 각 팀별 기능을 통합하여 운영할 수 없다.
③ 각 팀별 최소편성 인원은 2명 이상으로 한다.
④ 각 팀별 구성인원이 부족한 경우에는 현장 대응팀으로 구성하여 운영할 수 있다.

해설 각 팀별 구성인원이 부족한 경우에는 현장 대응팀으로 구성하여 운영할 수 있고, 자위소방대의 각 팀별 기능을 통합하여 운영할 수 있다.

▶교재 p.259

07 다음은 ○○건물의 자위소방대 및 초기대응체계 편성표의 내용이다. ㉠~㉣에 대한 내용으로 옳지 않은 것은?

자위소방대	□ 편성인원 　㉠ 대장　　　1명 　㉡ 부대장　　1명 　　대원　　　10명 □ 조직구성 　지휘통제팀　2명 　비상연락팀　2명 　㉢ 초기소화팀　2명 　피난유도팀　4명
㉣ 초기대응체계	□ A조 2명, B조 2명

① ㉣ - A건물이 이용되는 기간 동안에는 상시로 운영되어야 한다.
② ㉠ - A건물 소유주(건물주)를 자위소방대 대장으로 지정할 수 있다.
③ ㉢ - 초기소화팀의 주된 임무는 각 팀을 지휘하는 것이다.
④ ㉠, ㉡ - 대장 또는 부대장이 대상물에 부재하는 경우에는 업무 대리자를 지정해야 한다.

해설 ㉢ - 초기소화팀은 초기소화설비를 이용한 조기 화재진압 임무를 수행한다.

▶ 교재 p.260

08 상 중 하
다음 중 자위소방대의 교육 및 훈련에 대한 내용으로 옳지 않은 것은?
① 교육·훈련의 대상자는 자위소방대원, 대상물의 재실자, 종업원, 방문자 등을 포함할 수 있다.
② 연간 교육·훈련계획을 수립하여 시행한다.
③ 화재안전관리체계 확립을 위해 종업원에 대한 교육 및 계획을 별도로 작성할 수 있다.
④ 자위소방대장은 자위소방대 교육·훈련을 실시하기 전에 관할 소방서장의 허가를 받아야 한다.

해설 자위소방대 교육·훈련을 실시하기 전에 관할 소방서장의 허가를 받아야 하는 규정은 없다.

▶ 교재 p.260~261

09 상 중 하
자위소방대의 훈련내용으로 가장 옳은 것은?
① 교육훈련 대상자는 거주자를 제외한 자위소방대원, 재실자이다.
② 자위소방대원만을 대상으로 야간 피난훈련을 실시한다.
③ 합동훈련은 자위소방대와 소방관서가 참여하여 실시한다.
④ 소방훈련 실시결과 기록은 2년간 보관해야 한다.

해설 ① 교육훈련 대상자는 자위소방대원, **대상물의 재실자**, 종업원, 방문자 등을 포함할 수 있다.
② 자위소방대원과 **재실자**를 대상으로 야간 피난훈련을 실시한다.
③ 합동훈련은 자위소방대원, **재실자**, 소방관서가 참여하여 실시한다.

▶ 교재 p.260~261

10 상 중 하
자위소방대의 교육 및 훈련에 대한 내용으로 옳은 것은?
① 재실자를 제외한 거주자, 종업원을 대상으로 실시한다.
② 야간에는 자위소방대원만을 대상으로 피난훈련을 실시한다.
③ 자위소방대장은 대상물의 규모, 인원 및 이용형태와 관계없이 모든 훈련을 실시한다.
④ 훈련 후에는 훈련기록결과를 2년간 보관해야 한다.

해설 ① 자위소방대원, 대상물의 **재실자**, 종업원, 방문자 등을 포함하여 실시할 수 있다.
② 야간에는 자위소방대원과 **재실자**를 대상으로 피난훈련을 실시한다.
③ 자위소방대장은 대상물의 규모, 인원 및 이용형태 등을 이용하여 **대상물에 적합한** 훈련대상 및 훈련방법을 결정해야 한다.

정답 08.④ 09.④ 10.④

PART 03 자위소방대 및 초기대응체계 구성·운영

▶ 교재 p.260~261

11 소방안전관리대상물의 자위소방대 교육 및 훈련계획에 대한 내용으로 옳은 것은?

① 대상물의 규모, 인원 및 이용형태와 관계없이 모든 훈련방법으로 실시한다.
② 피난훈련은 자위소방대만을 대상으로 주간 및 야간훈련으로 나누어 실시한다.
③ 교육·훈련 후 실시결과보고서를 작성하여 1년간 보관한다.
④ 자위소방대 교육·훈련의 대상자는 자위소방대원, 대상물의 재실자, 종업원 방문자 등을 포함할 수 있다.

해설 ① 대상물의 규모, 인원 및 이용형태 등을 이용하여 **대상물에 적합한** 훈련대상 및 훈련방법을 결정해야 한다.
② 피난훈련은 자위소방대와 **재실자**를 대상으로 주간 및 야간훈련으로 나누어 실시한다.
③ 교육·훈련 후 실시결과보고서를 작성하여 **2년간** 보관한다.

정답 11.④

O× 문제

01
자위소방조직은 소방안전관리대상물의 화재 시 초기소화, 조기피난 및 응급처치 등에 필요한 골든타임(화재 시 10분, CPR은 5~7분 이내) 확보를 위해 필수적이다. ○×

× 자위소방조직은 소방안전관리대상물의 화재 시 초기소화, 조기피난 및 응급처치 등에 필요한 골든타임(화재 시 5분, CPR은 4~6분 이내) 확보를 위해 필수적이다.

02
자위소방조직의 시초는 1958년 행정 지시로 편성된 자위소방대이다. ○×

× 자위소방조직의 시초는 1952년 직장방공단 규정에 의한 방공단 및 하부조직인 소방반으로 볼 수 있다.

03
소방안전관리자는 연 1회 이상 자위소방조직을 소집하여 편성상태를 확인하고 교육·훈련을 실시해야 한다. ○×

○

04
소방안전관리자는 소방교육 실시결과를 기록부에 작성하고 1년간 보관하여야 한다. ○×

× 소방안전관리자는 소방교육 실시결과를 기록부에 작성하고 2년간 보관하여야 한다.

05
자위소방대의 인력편성에서 초기대응체계 편성 시 3명 이상은 수신반(또는 종합방재실)에 근무해야 하며 화재상황에 대한 모니터링 또는 지휘통제가 가능해야 한다. ○×

× 자위소방대의 인력편성에서 초기대응체계 편성 시 1명 이상은 수신반(또는 종합방재실)에 근무해야 하며 화재상황에 대한 모니터링 또는 지휘통제가 가능해야 한다.

06
소방안전관리자를 두어야 하는 특정소방대상물이 둘 이상 있고, 그 관리에 관한 권원(權原)을 가진 자가 동일인인 경우에는 이를 하나의 소방대상물로 보되, 그 특정소방대상물이 특급, 1급, 2급 중 둘 이상에 해당하는 경우에는 그 중에서 급수가 가장 낮은 특정소방대상물로 본다. ○×

× 소방안전관리자를 두어야 하는 특정소방대상물이 둘 이상 있고, 그 관리에 관한 권원(權原)을 가진 자가 동일인인 경우에는 이를 하나의 소방대상물로 보되, 그 특정소방대상물이 특급, 1급, 2급 중 둘 이상에 해당하는 경우에는 그 중에서 급수가 가장 높은 특정소방대상물로 본다.

2급 소방안전관리자 기출예상문제집

제2과목

PART 04
작동기능점검표 작성·실습·평가

PART 04 작동기능점검표 작성 · 실습 · 평가

▶ 교재 p.396~397

01 상 중 하

2023년 소방시설 작동점검을 실시하여 A~C실의 분말소화기 점검결과가 아래 표와 같을 때 점검표를 올바르게 작성한 것은?

	A실	B실	C실
압력상태	0.6MPa	0.8MPa	0.9MPa
제조년월	2012.4	2020.7	2015.3

[작동점검표]

번호	점검항목	점검결과
1-A-007	○지시압력계(녹색범위)의 적정여부	(ⓐ)
1-A-008	○수동식 분말소화기 내용연수(10년) 적정여부	(ⓑ)

	ⓐ	ⓑ
①	○	×
②	○	○
③	×	○
④	×	×

해설 ⓐ 분말소화기 지시압력계의 적정범위는 0.7~0.98MPa이므로 B, C실의 소화기는 양호하나, A실의 소화기가 0.6MPa이므로 불량(×)이다.
ⓑ A실 소화기의 경우 제조년월이 2012.4이므로 분말소화기 내용연수 10년을 넘었으므로 불량(×)이다. 제품을 교체하거나 성능검사에 합격하여야 한다.

정답 01.④

02

소방안전관리자 A씨가 습식 스프링클러설비 작동점검 중 감시제어반을 확인한 결과 아래 그림과 같을 때 A씨의 판단으로 옳은 것은? (단, 그림에 나온 것으로 판단한다)

점검번호	점검항목	점검결과
3-g-011	○ 유수검지장치의 발신이나 기동용 수압개폐장치의 작동에 따른 펌프기동 확인	×

① 1층 알람밸브가 정상 작동하지 않았다.
② 점검결과 양호 "○"로 해야 한다.
③ 주펌프의 기동용수압개폐장치는 동작하지 않았다.
④ 주펌프가 기동하지 않는 이유는 펌프 자동/수동 선택스위치가 자동상태에 있기 때문이다.

해설 작동점검 중 주펌프 충압펌프 모두 정상적으로 작동하였으므로 점검결과 양호 "○"로 표시해야 한다.

PART 04 작동기능점검표 작성·실습·평가

▶ 교재 p.396~397

03 〈상〉〈중〉〈하〉

자동화재탐지설비의 자체점검 시 다음과 같이 점검 시 확인한 결과를 점검표에 작성하였을 때 점검결과를 잘못 작성한 것을 고르면?

〈점검 시 확인한 결과〉
㉠ 배전실 연기감지기가 불량으로 확인되었다.
㉡ 수신기에서 도통시험 실시 결과 단선이 표시되었다.
㉢ 수신기의 스위치주의표시등이 점멸을 반복하고 있었다.
㉣ 예비전원 시험결과 전원표시등이 녹색으로 점등되었다.

〈점검결과를 작성한 점검표〉

(양호 ○, 불량 ×, 해당없음 /)

	구분	점검항목	점검결과
①	전원	○ 예비전원 성능 적정 여부	○
②	배선	○ 수신기 도통시험 회로 정상 여부	○
③	수신기	○ 조작스위치가 정상 위치에 있는지 여부	×
④	감지기	○ 감지기 작동시험 적합 여부	×

해설 수신기에서 도통시험 실시 결과 단선을 표시하였으므로 배선 점검결과란은 불량(×)으로 표시해야 한다.

▶ 교재 p.396~397

04 〈상〉〈중〉〈하〉

다음은 ○○빌딩에 설치된 소방시설 현황표다. 소방안전관리자 甲이 반드시 작성해야 할 점검항목을 모두 고르면?

[○○빌딩 소방시설 현황]
(1) 소화기   (2) 옥내소화전설비
(3) 가스계소화설비   (4) 자동화재탐지설비
(5) 유도등

	점검항목
㉠	소화기의 변형·손상 또는 부식 등 외관의 이상 여부
㉡	펌프별 자동·수동 전환 스위치 정상 작동 여부
㉢	유수검지에 따른 음향장치 작동 가능 여부(습식·건식의 경우)
㉣	지시압력계(녹색범위)의 적정 여부

① ㉠, ㉡
② ㉠
③ ㉠, ㉡, ㉣
④ ㉠, ㉡, ㉢, ㉣

해설 ㉢은 스프링클러설비 점검항목에 해당한다. 스프링클러설비는 ○○빌딩에 설치된 소방시설이 아니므로 소방안전관리자 甲이 반드시 작성해야 할 점검항목에 해당하지 않는다.

정답 03.② 04.③

05 상중하

자동화재탐지설비 수신기에서 도통시험 시 1층 회로의 전압지시침이 7V, 2층 회로의 전압지시침이 0V로 나타났으며, 예비전원시험 시 전압지시침이 12V를 지시하였다. 다음 점검표에 작성한 내용으로 옳지 않은 것은?

〈점검표〉　　　　　　　　　　　　　　　　　　　　　　　　　　　　　[양호○, 불량×]

구분	점검항목	점검결과	불량내용
전원	예비전원 성능 적정 및 상용전원 차단 시 예비전원 자동전환 여부	㉠ ×	㉡ 예비전원불량
배선	수신기 도통시험 회로 정상 여부	㉢ ×	㉣ 1층 회로 단선

① ㉠　　② ㉡　　③ ㉢　　④ ㉣

해설 ㉠ 예비전원시험 시 전압지시침이 19~29V여야 정상이므로 점검결과는 "×"이고, 불량내용은 ㉡ 예비전원불량으로 기재하여야 한다.

㉢ 수신기 회로 도통시험에서 정상 전압은 4~8V이므로 1층의 경우 7V로 정상이나, 2층의 전압지시침이 0V이므로 점검결과는 "×"이고, 불량내용은 ㉣ "2층 회로 단선"으로 기재하여야 한다. 따라서 ㉣이 옳지 않다.

정답 05.④

제2과목

PART 05
응급처치 이론·실습·평가

PART 05 응급처치 이론·실습·평가

▶ 교재 p.356

01 다음 중 응급처치의 일반원칙에 대한 내용으로 옳지 않은 것은?

① 긴박한 상황에서 응급환자의 안전을 최우선한다.
② 응급처치 시 사전에 보호자 또는 당사자의 이해와 동의를 얻어 실시하는 것을 원칙으로 한다.
③ 당황하거나 흥분하지 말고 침착하게 사고의 정도와 환자의 모든 상태를 확인한다.
④ 환자상태를 관찰하며 모든 손상을 발견하여 처치하되 불확실한 처치는 하지 않는다.

해설 긴박한 상황에서도 구조자는 자신의 안전을 최우선한다.

▶ 교재 p.355~365

02 응급처치에 관한 설명으로 옳은 것은?

①	기도확보	이물질이 제거된 후 머리를 뒤로 젖히고, 턱을 위로 들어 올려 기도가 개방되도록 한다.
②	출혈	출혈부위를 심장보다 높여주고 상처부위에 따뜻한 찜질을 해준다.
③	화상	화상부위에 옷가지가 붙어 있을 경우에는 감염의 위험이 있으므로 흐르는 물로 씻어 낸다.
④	심폐소생술	심폐소생술은 '기도유지 → 인공호흡 → 가슴압박' 순으로 한다.

해설 ② 출혈 시 출혈부위를 심장보다 높여주고 상처부위에 차가운 국소찜질을 해준다.
③ 화상부위에 옷가지가 붙어 있을 경우에는 옷을 제거하지 말아야 한다.
④ 심폐소생술은 '가슴압박 → 기도유지 → 인공호흡' 순으로 한다.

▶ 교재 p.355

03 응급처치 기본사항 중 기도확보에 대한 내용으로 옳지 않은 것은?

① 환자의 입(구강) 내에 이물질이 있을 경우 이물질이 빠져나올 수 있도록 기침을 유도한다.
② 만약 기침을 할 수 없는 경우에는 복부밀어내기를 실시한다.
③ 눈에 보이는 이물질은 손으로 꺼낸다.
④ 환자가 구토를 하는 경우 머리를 옆으로 돌려 구토물의 흡입으로 인한 질식을 예방해주어야 한다.

해설　눈에 보이는 이물질이라 하여 함부로 제거하려 해서는 안 된다.

▶ 교재 p.358

04 다음 중 출혈의 증상으로 옳지 않은 것은?

① 호흡과 맥박이 느리고 약하고 불규칙하며 체온이 떨어지고 호흡곤란도 나타난다.
② 불안과 갈증, 반사작용이 둔해지고 다른 증상으로 구토도 발생한다.
③ 탈수현상이 나타나면 갈증을 호소한다.
④ 피부가 창백하고 차며 축축해진다.

해설　호흡과 맥박이 빠르고 약하고 불규칙하며 체온이 떨어지고 호흡곤란도 나타난다.

▶ 교재 p.358

05 출혈의 증상으로 틀린 것은?

① 호흡과 맥박이 빠르고 약하고 불규칙하다.
② 체온이 떨어지고 호흡곤란도 나타난다.
③ 혈압이 점차 높아지고 피부가 창백해진다.
④ 동공이 확대되고 두려움이나 불안을 호소한다.

해설　혈압이 점차 저하되고 피부가 창백해진다.

정답　03.③　04.①　05.③

PART 05 응급처치 이론·실습·평가

▶ 교재 p.358~359

06 상중하
다음 출혈 시 증상과 응급처치에 대한 대화내용 중 옳지 않은 얘기를 하는 사람을 모두 고른 것은?

- 철수 : 출혈이 발생한 경우 동공이 축소되고, 혈압이 점차 높아진다.
- 영희 : 체온유지를 위하여 보온해준다.
- 수진 : 직접압박법은 소독거즈로 출혈부위를 덮은 후 4~6인치 압박붕대로 출혈부위를 압박되게 감아준다.
- 현우 : 지혈대 사용법은 출혈이 심하지 않은 경우 사용한다.

① 영희, 현우
② 철수, 영희
③ 철수, 현우
④ 영희, 수진

해설 철수와 현우가 옳지 않은 얘기를 한 사람이다.
- 출혈이 발생한 경우 동공이 확대되고, 혈압이 점차 낮아진다.
- 지혈대 사용법은 절단과 같은 심한 출혈이 있을 때나 지혈법으로 출혈을 막지 못할 경우 최후의 수단으로 사용한다.

▶ 교재 p.360~361

07 상중하
화상 환자 이동 전 조치사항으로 틀린 것은?

① 화상부위를 흐르는 물에 식혀준다.
② 옷가지가 피부조직에 붙어 있을 때에는 옷을 잘라낸다.
③ 식용기름을 바르는 일이 없도록 한다.
④ 소독거즈로 화상부위를 덮어준다.

해설 화상환자가 착용한 옷가지가 피부조직에 붙어 있을 때에는 옷을 잘라내지 말아야 한다.

▶ 교재 p.360~361

08 상중하
다음 중 화상에 대한 내용으로 옳지 않은 것은?

① 화상은 신체가 손상받지 않고 흡수할 수 있는 양보다 많은 에너지에 노출될 때 에너지와 신체접촉면 사이의 온도가 증가하여 발생한다.
② 화상의 심각성은 그 자체의 심각성뿐만 아니라 치유되기 어려운 후유증을 남기는 데 있다.
③ 수포가 발생하므로 표피가 얼룩얼룩하게 되고 진피의 모세혈관이 손상되며 물집이 터져 진물이 나고 감염의 위험이 있는 것은 2도 화상이다.
④ 물집이 터지지 않은 1, 2도 화상은 흐르는 물을 사용하고 젖은 드레싱을 해주고 팽팽하게 붕대로 감는다.

해설 물집이 터지지 않은 1, 2도 화상은 흐르는 물을 사용하고 젖은 드레싱을 해주고 느슨하게 붕대로 감는다.

정답 06.③ 07.② 08.④

09 다음 중 화상환자의 이동 전 조치로 옳지 않은 것은?

① 화상부위를 흐르는 찬물에 씻어주거나 물에 적신 차가운 천을 대어 열기가 심부로 전달되는 것을 막아주고 통증을 줄여 준다.
② 화상환자가 부분층화상일 경우 수포상태의 감염 우려가 있으니 터뜨리지 말아야 한다.
③ 골절환자라도 감염예방을 위해 화상부위를 드레싱하도록 한다.
④ 통증 호소 또는 피부의 변화에 동요되어 간장, 된장, 식용기름을 바르는 일이 없도록 한다.

[해설] 골절환자일 경우 무리하게 압박하여 드레싱하는 것은 금한다.

10 화상환자 이동 전 조치로 알맞은 것은?

① 피부조직에 옷가지가 붙어 있을 경우 통기를 위해 옷을 잘라낸다.
② 물집은 흉터가 생길 수 있으니 터뜨린다.
③ 화상부분의 오염 우려 시는 소독거즈가 있을 경우 화상부위에 덮어주면 좋다.
④ 화상부위의 열기는 온수로 식혀준다.

[해설] ① 피부조직에 옷가지가 붙어있더라도 옷을 잘라내지 않는다.
② 물집은 감염의 위험이 있으므로 터뜨리지 않는다.
④ 실온의 흐르는 물로 화상부위를 식혀준다.

11 고온의 액체를 사용하는 공장에서 일하는 작업자 A씨가 화상을 입자 동료들이 나눈 대화 중 옳은 것을 모두 고르면?

㉠ 1도, 2도 화상이면 화상 부위를 흐르는 물로 식혀주는 것이 좋아.
㉡ 3도 화상의 경우 물에 적신 천을 대어 열기가 더 깊게 전달되는 것을 막아줘야 해.
㉢ 표피 및 진피가 손상되고, 발적, 수포가 발생한 것을 보니 1도 화상이네.
㉣ 간장, 된장 등을 발라 통증을 줄여야 해.

① ㉡, ㉢
② ㉠, ㉡
③ ㉡, ㉣
④ ㉢, ㉣

[해설] ㉢ 표피 및 진피까지 손상되고 발적, 수포가 발생한 경우 2도(부분층화상)이다.
㉣ 간장, 된장, 식용기름 등 민간요법은 사용하지 말고 흐르는 실온의 물로 화상부위의 열기를 식혀준다.

PART 05 응급처치 이론·실습·평가

▶ 교재 p.364

12 다음 중 가슴압박에 대한 내용으로 옳지 않은 것은?

① 환자를 바닥이 단단하고 평평한 곳에 등을 대고 눕힌 뒤에 가슴뼈의 아래쪽 절반 부위에 두 손을 댄다.
② 깍지를 낀 두 손의 손바닥과 손가락이 가슴에 닿도록 댄 상태에서 양팔을 쭉 편 상태로 체중을 실어서 환자의 몸과 수직이 되도록 가슴을 압박한다.
③ 가슴압박은 분당 100~120회의 속도와 약 5cm의 깊이로 강하고 빠르게 시행한다.
④ '하나', '둘', '셋', …, '서른'하고 세어가면서 규칙적으로 시행하며, 환자가 회복되거나 119구급대가 도착할 때까지 지속한다.

[해설] 깍지를 낀 두 손의 손바닥 뒤꿈치를 댄다. 손가락이 가슴에 닿지 않도록 주의하면서 양팔을 쭉 편 상태로 체중을 실어서 환자의 몸과 수직이 되도록 가슴을 압박하고, 압박된 가슴은 완전히 이완되도록 한다.

▶ 교재 p.363~365

13 성인심폐소생술에 대한 설명으로 옳지 않은 것은?

① 가슴 압박은 성인에서 분당 100~120회의 속도로 한다.
② 가슴 압박은 5cm 깊이로 강하고 빠르게 시행한다.
③ 양팔을 쭉 편 상태로 체중을 실어서 환자의 몸과 수직이 되도록 가슴을 압박하고, 압박된 가슴이 완전히 이완되지 않도록 주의한다.
④ 심폐소생술은 환자가 회복되거나 19구급대가 현장에 도착할 때까지 지속되어야 한다.

[해설] 양팔을 쭉 편 상태로 체중을 실어서 환자의 몸과 수직이 되도록 가슴을 압박하고, 압박된 가슴이 **완전히 이완되도록 한다.**

▶ 교재 p.366~367

14 자동심장충격기(AED) 사용방법에 대한 내용으로 옳지 않은 것만 고른 것은?

> ㉠ 오른쪽 빗장뼈 아래에 패드1, 왼쪽 젖꼭지 아래의 중간겨드랑선에 패드2를 부착한다.
> ㉡ 측정이 잘되도록 환자에게 붙어서 측정한다.
> ㉢ 제세동이 필요 없는 경우에는 "환자의 상태를 확인하고, 심폐소생술을 계속 하십시오"라는 음성 지시가 나오며, 이 경우에는 즉시 심폐소생술을 시작한다.

① ㉠
② ㉡
③ ㉠, ㉡
④ ㉠, ㉢

[해설] ㉡ 환자에게 붙어서 측정하면 측정에 오류가 생길 수 있으므로 환자에게서 손을 떼고 뒤로 물러나 있어야 한다.

정답 12.② 13.③ 14.②

15 다음 자동심장충격기(AED)의 사용순서 중 옳지 않은 것은?

㉠ 자동심장충격기를 심폐소생술에 방해가 되지 않는 위치에 놓고 전원을 켠다.
㉡ 하나의 패드는 왼쪽 빗장뼈(쇄골) 바로 아래쪽에, 다른 패드는 오른쪽 젖꼭지 아래의 중간겨드랑선에 부착 후 심장충격기 본체와 연결한다.
㉢ "분석중…"이라는 음성 지시가 나오면, 심폐소생술을 멈추고 환자에게서 손을 뗀다.
㉣ 심장 리듬 분석결과 심장충격이 필요 없을 경우는 즉시 심폐소생술을 시행한다.

① ㉠
② ㉡
③ ㉢
④ ㉣

해설 ㉡ 하나의 패드는 **오른쪽** 빗장뼈(쇄골) 바로 아래쪽에, 다른 패드는 **왼쪽** 젖꼭지 아래의 중간겨드랑선에 부착 후 심장충격기 본체와 연결한다.

16 다음 중 자동심장충격기(AED) 패드 부착위치로 바르게 짝지어진 것은?

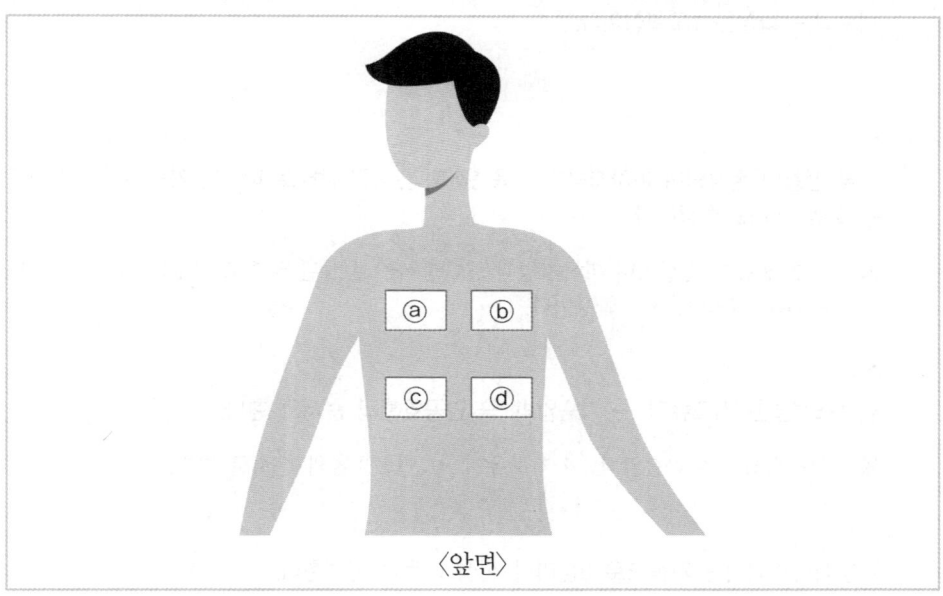

〈앞면〉

① ⓐ, ⓑ
② ⓐ, ⓓ
③ ⓒ, ⓑ
④ ⓒ, ⓓ

해설 하나의 패드는 **오른쪽** 빗장뼈(쇄골) 바로 아래쪽에, 다른 패드는 **왼쪽** 젖꼭지 아래의 중간겨드랑선에 부착 후 심장충격기 본체와 연결한다. 따라서 그림의 ⓐ, ⓓ 위치에 부착한다.

OX 문제

01
사람의 체내에는 체중 6%의 혈액이 있으며 출혈로 혈액량 감소 시 온몸이 저산소 출혈성 쇼크상태가 된다. ○×

× 사람의 체내에는 체중 8%의 혈액이 있으며 출혈로 혈액량 감소 시 온몸이 저산소 출혈성 쇼크상태가 된다.

02
성인의 혈액 총량은 약 5~7L 정도이다. ○×

× 성인의 혈액 총량은 약 4~6L 정도이다.

03
절단과 같은 심한 출혈이 있을 때나 지혈법으로도 출혈을 막지 못한 경우 최후의 수단으로 사용하는 것은 지혈대 사용법이다. ○×

○

04
피부 바깥층의 화상을 말하며 약간의 부종과 홍반이 나타나며 부어오르면서 통증을 느끼나 치료 시 흉터 없이 치료되는 화상은 1도화상이다. ○×

○

05
피부 전층이 손상되며 피하지방과 근육층까지 손상된 상태로 피부는 가죽처럼 매끈하고 회색이나 검은색이 되는 화상은 4도 화상이다. ○×

× 피부 전층이 손상되며 피하지방과 근육층까지 손상된 상태로 피부는 가죽처럼 매끈하고 회색이나 검은색이 되는 화상은 3도 화상이다.

06
심폐소생술은 기도유지 → 가슴압박 → 인공호흡의 순서로 한다. ○×

× 심폐소생술은 가슴압박 → 기도유지 → 인공호흡의 순서로 한다.

07
자동심장충격기는 자동으로 3분마다 심장 리듬을 분석한다. ○×

× 자동심장충격기는 자동으로 2분마다 심장 리듬을 분석한다.

2급 소방안전관리자 기출예상문제집

제2과목

PART 06

소방안전 교육 및 훈련 이론·실습·평가

PART 06 소방안전 교육 및 훈련 이론·실습·평가

▶ 교재 p.373

01 다음 소방교육 및 훈련의 원칙 중 〈보기〉에 해당하는 것은?

─|보기|─
- 한 번에 한 가지씩 습득 가능한 분량을 교육 및 훈련시킨다.
- 쉬운 것에서 어려운 것으로 교육을 실시하되 기능적 이해에 비중을 둔다.

① 현실의 원칙 ② 학습자 중심의 원칙
③ 동기부여의 원칙 ④ 목적의 원칙

해설 〈보기〉에서 설명하는 것은 학습자 중심의 원칙이다.

▶ 교재 p.373~374

02 다음 소방교육 및 훈련의 원칙 중 〈보기〉에 해당하는 것은?

─|보기|─
- 교육의 중요성을 전달해야 한다.
- 전문성을 공유해야 한다.
- 교육에 재미를 부여해야 한다.

① 학습자 중심의 원칙 ② 실습의 원칙
③ 경험의 원칙 ④ 동기부여의 원칙

해설 〈보기〉에서 설명하는 것은 동기부여의 원칙이다.

▶ 교재 p.374

03 다음 소방교육 및 훈련의 원칙 중 〈보기〉에 해당하는 것은?

─|보기|─
- 어떠한 기술을 어느 정도까지 익혀야 하는가를 명확하게 제시한다.
- 습득하여야 할 기술이 활동 전체에서 어느 위치에 있는가를 인식하도록 한다.

① 관련성의 원칙 ② 경험의 원칙
③ 동기부여의 원칙 ④ 목적의 원칙

해설 〈보기〉에서 설명하는 것은 목적의 원칙이다.

정답 01.② 02.④ 03.④

▶ 교재 p.373~374

04 소방교육 및 훈련의 실시원칙으로 알맞게 짝지은 것은?

① 현실의 원칙, 학습자 중심의 원칙, 관련성의 원칙
② 실습의 원칙, 비현실의 원칙, 경험의 원칙
③ 교육자 중심의 원칙, 동기부여의 원칙, 목적의 원칙
④ 이론의 원칙, 동기부여의 원칙, 관련성의 원칙

해설 ▶ 소방교육 및 훈련의 실시원칙

> ㉠ 학습자 중심의 원칙
> ㉡ 동기부여의 원칙
> ㉢ 목적의 원칙
> ㉣ 현실의 원칙
> ㉤ 실습의 원칙
> ㉥ 경험의 원칙
> ㉦ 관련성의 원칙

▶ 교재 p.373~374

05 다음 중 동기부여의 원칙에 해당하는 것만 고른 것은?

> ㉠ 학습에 대한 보상을 제공해야 한다.
> ㉡ 학습자에게 감동이 있는 교육이 되어야 한다.
> ㉢ 교육은 시기적절하게(Just-in-time) 이루어져야 한다.
> ㉣ 실습을 통해 지식을 습득한다.
> ㉤ 어떠한 기술을 어느 정도까지 익혀야 하는가를 명확하게 제시한다.

① ㉠, ㉡
② ㉠, ㉢
③ ㉡, ㉢, ㉤
④ ㉠, ㉡, ㉢, ㉣

해설 동기부여의 원칙에 해당하는 것은 ㉠, ㉢이다.
▶ 동기부여의 원칙

> ⓐ 교육의 중요성을 전달해야 한다.
> ⓑ 학습을 위해 적절한 스케줄을 적절히 배정해야 한다.
> ⓒ 교육은 시기적절하게(Just-in-time) 이루어져야 한다.
> ⓓ 핵심사항에 교육의 포커스를 맞추어야 한다.
> ⓔ 학습에 대한 보상을 제공해야 한다.
> ⓕ 교육에 재미를 부여해야 한다.
> ⓖ 교육에 있어 다양성을 활용해야 한다.
> ⓗ 사회적 상호작용(social interaction)을 제공해야 한다.
> ⓘ 전문성을 공유해야 한다.
> ⓙ 초기성공에 대해 격려해야 한다.

정답 04.① 05.②

PART 06 소방안전 교육 및 훈련 이론·실습·평가

▶ 교재 p.379~380

06 상❋하

소방서장은 소방안전관리대상물의 관계인으로 하여금 합동소방훈련을 실시하게 할 수 있는데 그 대상물에 해당되지 않는 것은?

① 연면적 35,000m²인 종합병원
② 연면적 25,000m²인 시외버스터미널
③ 지상 28층, 지하 4층인 아파트
④ 층수가 12층인 업무시설

해설 소방서장은 특급 및 1급 소방안전관리대상물의 관계인으로 하여금 합동소방훈련을 실시하게 할 수 있으므로 최소 1급 소방안전관리대상물이 아닌 경우 합동소방훈련을 실시하게 할 수 있는 대상물이 아니다. 아파트의 경우 지하층을 제외한 지상 30층 이상이거나 지상으로부터 높이가 120m 이상이어야 하므로 ③의 경우 1급 소방안전관리대상물이 아니다.

▶ 교재 p.310

07 상❋하

다음 중 소방훈련 교육실시 결과 기록부에 포함되는 내용으로 옳지 않은 것은?

① 참석한 인원 수
② 교육훈련 일시 및 장소
③ 대상물의 소방시설 현황
④ 교육훈련 시 문제점 및 개선계획

해설 소방훈련 교육실시 결과 기록부에서 소방안전관리대상물에 대한 기재는 대상명, 용도, 대표자, 전화번호, 주소, 등급만을 기재하게 되어 있다. 대상물의 소방시설 현황은 기재사항이 아니다.

정답 06.③ 07.③

O× 문제

01
소방안전교육의 원칙 중 학습자의 능력을 고려하는 것을 학습자 중심의 원칙이라 한다. ○×

× 소방안전교육의 원칙 중 학습자의 능력을 고려하는 것을 **현실의 원칙**이라 한다.

02
소방안전교육의 원칙 중 교육의 중요성을 전달해야 하고, 교육에 재미를 부여해야 하는 것을 목적의 원칙이라 한다. ○×

× 소방안전교육의 원칙 중 교육의 중요성을 전달해야 하고, 교육에 재미를 부여해야 하는 것을 **동기부여의 원칙**이라 한다.

03
합동소방훈련은 소방안전관리대상물과 소방관서에서 함께 실시하는 훈련으로, 소방서장은 특급 및 1급·2급 소방안전관리대상물의 관계인으로 하여금 합동소방훈련을 실시하게 할 수 있다. ○×

× 합동소방훈련은 소방안전관리대상물과 소방관서에서 함께 실시하는 훈련으로, 소방서장은 **특급 및 1급** 소방안전관리대상물의 관계인으로 하여금 합동소방훈련을 실시하게 할 수 있다.

2급 소방안전관리자 기출예상문제집

제2과목

PART 07

화재 시 초기대응 및 피난 실습·평가

PART 07 화재 시 초기대응 및 피난 실습 · 평가

▶ 교재 p.264

01 화재발생 시 초기대응에 대해 나눈 대화 중 옳지 않은 얘기를 한 사람은?

> 명수 : 소화기를 사용하여 신속한 초기소화 작업을 실시한다.
> 용만 : 초기소화는 화원의 종류, 화세의 크기를 고려하여 초기대응 여부를 결정한다.
> 수용 : 초기대응 시 피난경로 확보도 고려해야 한다.
> 원희 : 초기소화가 어려울 경우 피난경로를 표시하기 위해 출입문을 열어놓고 대피한다.

① 명수
② 용만
③ 수용
④ 원희

해설 초기소화가 어려운 경우에는 열 또는 연기의 확산방지를 위해 출입문을 닫고 즉시 대피한다.

▶ 교재 p.264~265

02 다음은 ○○건물의 4층 평면도이다. 화재 시 피난행동으로 옳지 않은 것은?

① 재해약자의 경우 승강기를 이용하여 신속하게 피난한다.
② 모든 계단이 폐쇄됐다면 완강기를 이용하여 피난한다.
③ 가능하다면 양쪽 계단을 모두 활용하여 피난인원을 분산한다.
④ 유도등 또는 유도표지를 따라 피난한다.

해설 재해약자의 경우라도 화재 시 엘리베이터는 절대 이용하지 않도록 하며 계단을 이용해 옥외로 대피한다.

정답 01.④ 02.①

▶ 교재 p.265~266

03 다음 중 일반적 피난계획 수립에 대한 내용으로 옳지 않은 것은?

① 소방안전관리자는 해당 대상물의 특성에 부합하는 피난계획을 사전에 수립해야 한다.
② 대상물의 붕괴, 폭발 가능성으로 인해 긴급 피난이 필요한 경우에는 대상물 재실자 및 방문자 모두가 즉시 피난을 개시한다.
③ 효율적인 피난을 위해 피난 시 재실자 및 방문자를 집합하여 피난을 유도한다.
④ 피난유도 시 피난자의 패닉방지를 위한 심리적 안정조치를 취해야 한다.

해설 계단 등에서 병목현상이 발생하지 않도록 재실자 및 방문자를 분산하여 피난을 유도한다.

▶ 교재 p.268~269

04 장애인에 대한 피난계획으로 틀린 것은?

① 지체장애인의 경우 불가피한 경우를 제외하고는 2인 이상이 1조가 되어 피난을 보조한다.
② 시각장애인의 경우 팔과 어깨를 살며시 기대도록 하여 안내한다.
③ 청각장애인의 경우 청각적으로 전달하기 위해 큰 소리로 얘기한다.
④ 지적장애인의 경우 차분하고 느린 어조로 도움을 주러 왔음을 밝힌다.

해설 청각장애인의 경우 시각적인 전달을 위해 표정이나 제스처를 사용한다.

▶ 교재 p.264~265

05 화재 시 일반적인 피난행동에 대한 내용으로 잘못된 것은?

① 엘리베이터를 이용하여 신속하게 옥외로 대피한다.
② 아래층으로 대피가 불가능한 때에는 옥상으로 대피한다.
③ 낮은 자세로 유도등, 유도표지를 따라 대피한다.
④ 옷에 불이 붙었을 때에는 눈과 입을 가리고 바닥에서 뒹군다.

해설 엘리베이터는 절대 이용하지 않도록 하며 계단을 이용해 옥외로 대피한다.

▶ 교재 p.265~267

06 피난계획의 수립 내용으로 옳지 않은 것은?

① 피난구 위치를 거주자가 숙지토록 한다.
② 재해약자의 재배치 등 적합한 피난전략을 고려하여 시행한다.
③ 건축물 환경에 적합한 피난보조기구의 설치가 권장된다.
④ 시각장애인의 경우 시각적인 전달을 위해 표정이나 제스처를 사용한다.

정답 03.③ 04.③ 05.① 06.④

PART 07 화재 시 초기대응 및 피난 실습·평가

> [해설] 시각장애인의 경우 평상시와 같이 지팡이를 이용하여 피난토록 한다. 피난보조자는 팔과 어깨에 살며시 기대도록 하여 안내하며 계단, 장애물 등을 미리 알려준다.

▶ 교재 p.268~269

07 장애유형별 피난보조 예시에 관한 내용으로 옳은 것을 모두 고르면?

> ㉠ 노약자 : 지병을 표시하고, 1인의 유도자를 지정하여 줄서서 피난한다.
> ㉡ 지체장애인 : 2인 이상이 1조가 되어 피난을 보조한다.
> ㉢ 시각장애인 : 시각적인 전달을 위해 표정이나 제스처를 사용한다.
> ㉣ 청각장애인 : 피난유도 시 여기, 저기 등 애매한 표현보다 좌측 1m, 왼쪽 2m 같이 명확하게 표현하고 피난한다.

① ㉠, ㉡
② ㉠, ㉡, ㉢
③ ㉠, ㉢, ㉣
④ ㉠, ㉡, ㉢, ㉣

[해설] ㉠, ㉡이 옳은 내용이다.
㉢ 시각장애인 : 피난유도 시 여기, 저기 등 애매한 표현보다 좌측 1m, 왼쪽 2m 같이 명확하게 표현하고 피난한다.
㉣ 청각장애인 : 시각적인 전달을 위해 표정이나 제스처를 사용한다.

정답 07.①

2급 소방안전관리자 기출예상문제집

부 록

- 2025 기출문제
- 마무리용 주관식 단답문제

CHAPTER 01 2025 기출문제

※ 아래 기출문제는 수험생의 기억에 의해 문제를 복원하여 편집하였으므로 실제 기출문제와 다소 차이가 있을 수 있음.

제1과목

▶ 교재 p.26

01 다음 소방대상물에 대한 설명으로 옳지 않은 것은?

- 용도 : 업무시설
- 층수 : 지하 3층, 지상 7층
- 연면적 : 14,500m²
- 소방시설 설치현황 : 자동화재탐지설비, 옥내소화전설비, 스프링클러설비
※상기 조건을 제외하고 나머지 조건은 무시한다.

① 종합점검 대상이다.
② 2급 소방안전관리대상물이다.
③ 특정소방대상물이다.
④ 소방안전관리보조자를 선임하여야 한다.

해설 ① 스프링클러설비가 설치된 소방대상물이므로 종합점검 대상이다.
② 연면적이 15,000m² 이하이고 11층 미만인 소방대상물이므로 2급 소방안전관리대상물에 해당한다.
③ 동 건물은 건축물 등의 규모·용도 및 수용인원 등을 고려하여 소방시설을 설치하여야 하는 소방대상물인 특정소방대상물에 해당한다.
④ 아파트 및 연립주택을 제외한 연면적 15,000m² 이상인 특정소방대상물이 소방안전관리보조자를 선임하여야 하는 선임대상물에 해당하므로 14,500m²인 동 건물은 소방안전관리보조자 선임대상물에 해당하지 않는다.

정답 01.④

▶ 교재 p.37

02 300만원 이하 벌금 사유가 아닌 것은?
① 화재안전조사를 정당한 사유 없이 거부·방해 또는 기피한 자
② 소방안전관리업무를 하지 아니한 특정소방대상물의 관계인
③ 소방안전관리자를 선임하지 않은 관계인
④ 소방안전관리자에게 불이익한 처우를 한 관계인

해설 소방안전관리업무를 하지 아니한 특정소방대상물의 관계인에게는 300만원 이하의 과태료를 부과한다.

▶ 교재 p.16

03 소방기본법상 벌칙이 가장 무거운 것은?
① 사람을 구출하는 일 또는 불을 끄거나 불이 번지지 아니하도록 하는 일을 방해한 사람
② 정당한 사유 없이 소방대의 생활안전활동을 방해한 자
③ 피난명령을 위반한 자
④ 정당한 사유 없이 소방대가 현장에 도착할 때까지 사람을 구출하는 조치 또는 불을 끄거나 불이 번지지 아니하도록 하는 조치를 하지 아니한 소방대상물 관계인

해설 사람을 구출하는 일 또는 불을 끄거나 불이 번지지 아니하도록 하는 일을 방해한 사람은 5년 이하의 징역 또는 5천만원 이하의 벌금에 처한다.
②③④ 모두 100만원 이하의 벌금에 처한다.

▶ 교재 p.31

04 소방안전관리자를 선임하지 아니하는 특정소방대상물의 관계인의 업무에 해당하지 않는 것은?
① 화기취급의 감독
② 피난시설, 방화구획 및 방화시설의 유지·관리
③ 자위소방대 및 초기대응체계의 구성, 운영 및 교육
④ 소방시설 그 밖의 소방관련 시설의 관리

해설 ▶ **특정소방대상물의 관계인의 업무**
  ㉠ 피난시설, 방화구획 및 방화시설의 유지·관리
  ㉡ 소방시설 그 밖의 소방관련시설의 유지·관리
  ㉢ 화기취급의 감독
  ㉣ 그 밖에 소방안전관리에 필요한 업무

정답 02.② 03.① 04.③

[05~07] 다음 소방안전관리대상물의 조건을 보고 물음에 답하시오. (아래 제시된 조건 외에 나머지 조건은 무시함)

용도	공동주택(아파트)
규모	지상 27층, 지하 2층, 연면적 135,000m² 지상으로부터 높이 130m 2,200세대
소방시설	소화기, 옥내소화전설비, 스프링클러설비, 자동화재탐지설비, 유도등
소방안전관리 현황	전(前) 소방안전관리자 해임일 :2025년 1월 10일

05 전(前) 소방안전관리자 해임일에 새로운 소방안전관리자를 선임한 경우 실무교육 이수 기한은? (단, 새로운 소방안전관리자는 강습 및 실무교육 이수이력 없음)

① 2026년 1월 9일
② 2027년 1월 9일
③ 2025년 4월 9일
④ 2025년 7월 9일

해설 전(前) 소방안전관리자 해임일인 2023년 1월 10일로부터 6개월 이내에 선임해야 하므로 2025년 7월 9일까지 실무교육을 이수해야 한다.

06 소방안전관리대상물의 소방안전관리자 선임에 관한 사항으로 옳은 것은?

① 대학에서 소방안전관리에 관한 학과를 졸업한 사람을 선임할 수 있다.
② 소방안전관리자의 선임기간은 2025년 2월 3일까지이다.
③ 선임한 날부터 14일 이내에 소방본부장 또는 소방서장에게 신고하여야 한다.
④ 소방안전관리자 선임연기신청을 할 수 있다.

해설 ① 대학에서 소방안전관리에 관한 학과를 졸업한 사람은 소방안전관리자 시험을 볼 수 있는 자격을 취득할 뿐 선임자격은 없다.
② 전(前) 소방안전관리자 해임일인 2025년 1월 10일부터 30일 이내에 소방안전관리자를 선임해야 하므로 소방안전관리자의 선임기간은 2025년 1월 24일까지이다.
④ 공동주택인 아파트로 높이 130m이므로 1급 소방안전관리대상물에 해당되어 소방안전관리자 선임연기신청이 불가능하다.

정답 05.④ 06.③

07 소방안전관리대상물 등급 및 소방안전관리보조자 선임인원을 옳게 짝지은 것은?

① 1급, 8명
② 특급, 7명
③ 1급, 7명
④ 특급, 8명

해설 공동주택인 아파트로 높이 130m이므로 1급 소방안전관리대상물에 해당된다. 아파트는 300세대에 소방안전관리보조자를 1명 선임해야 하고, 매 300세대를 초과할 때마다 1명을 추가로 선임해야 하므로 2,200÷300 = 7.33.. 소수점 이하의 숫자는 버리고 계산하면 되므로 7명을 선임하면 된다.

08 다음 중 피난유도 안내정보의 제공방법으로 맞는 것을 모두 고르면?

가. 피난안내도를 층마다 보기 쉬운 위치에 게시하는 방법
나. 엘리베이터, 출입구 등 시청이 용이한 장소에 피난안내영상을 제공하는 방법
다. 반기별 1회 이상 피난안내방송을 실시하는 방법
라. 연 1회 이상 피난안내 교육을 실시하는 방법

① 가, 나
② 가, 다
③ 나, 다
④ 다, 라

해설 맞는 것은 '가, 나'이다.
다. 분기별 1회 이상 피난안내방송을 실시하는 방법
라. 연 2회 이상 피난안내 교육을 실시하는 방법

09 아래 내용에 해당하는 사람에게 적용할 수 있는 벌칙사항으로 옳은 것은?

- 소방시설·피난시설·방화시설 및 방화구획 등이 법령에 위반된 것을 발견하고도 필요한 조치를 요구하지 않는 소방안전관리자
- 소방안전관리자를 선임하지 아니한 자

① 300만원 이하의 과태료
② 300만원 이하의 벌금
③ 1년 이하의 징역 또는 1천만원 이하의 벌금
④ 3년 이하의 징역 또는 3천만원 이하의 벌금

해설 소방시설·피난시설·방화시설 및 방화구획 등이 법령에 위반된 것을 발견하고도 필요한 조치를 요구하지 않는 소방안전관리자, 소방안전관리자를 선임하지 아니한 자에게는 300만원 이하의 벌금에 처한다.

정답 07.③ 08.① 09.②

▶ 교재 p.45

10 소방시설의 자체점검에 대한 설명으로 옳은 것은?

① 고시원업의 영업장이 설치된 연면적 2,500m²인 특정소방대상물은 종합점검 대상에 해당하지 않는다.
② 선임된 소방안전관리자는 선임자격의 종류와 무관하게 종합점검을 실시할 수 있는 자격자에 해당한다.
③ 특급 및 1급 소방안전관리대상물은 연 1회 자체점검을 실시하여야 한다.
④ 특정소방대상물의 규모, 설치된 소방시설, 건축물의 사용승인일에 따라 자체점검의 종류 및 실시하는 시기 등이 다르다.

해설
① 고시원업의 영업장이 설치된 연면적 2,000m² 이상인 특정소방대상물은 종합점검대상이다.
② 소방안전관리자로 선임된 소방시설관리사 및 소방기술사여야 종합점검을 실시할 수 있다.
③ 특급 소방안전관리대상물은 연 2회(반기에 1회 이상) 실시하여야 한다.

▶ 교재 p.270

11 소방안전관리자의 업무수행 기록의 작성·유지에 대한 내용 중 (   ) 안에 들어갈 내용으로 알맞게 짝지은 것은?

> ⓐ 소방안전관리대상물의 소방안전관리자는 소방안전관리업무를 수행한 날을 포함하여 (   ) 작성한다.
> ⓑ 소방안전관리자는 업무 수행에 관한 기록을 작성한 날부터 (   ) 보관해야 한다.

① 분기에 1회 이상, 1년간
② 분기에 1회 이상, 2년간
③ 월 1회 이상, 1년간
④ 월 1회 이상, 2년간

해설
ⓐ 소방안전관리대상물의 소방안전관리자는 소방안전관리업무를 수행한 날을 포함하여 (월 1회 이상) 작성한다.
ⓑ 소방안전관리자는 업무 수행에 관한 기록을 작성한 날부터 (2년간) 보관해야 한다.

▶ 교재 p.72

12 가연성 물질의 구비조건으로 옳은 것은?

① 연소열이 작다.
② 열전도율이 작다.
③ 건조도가 낮다.
④ 산소와의 친화력이 작다.

해설
① 연소열이 크다.
③ 건조도가 높다.
④ 산소와의 친화력이 크다.

정답 10.④ 11.④ 12.②

▶ 교재 p.75~76

13 다음은 연소의 특성에 대한 설명이다. 옳지 않은 것을 모두 고른 것은?

> 가. 연소범위에서 외부의 직접적인 점화원에 의해 인화될 수 있는 최저온도를 '발화점'이라고 한다.
> 나. 외부의 직접적인 점화원 없이 가열된 열 축적에 의하여 착화되는 최저온도를 '인화점'이라고 한다.
> 다. 연소상태가 계속될 수 있는 온도를 '착화점'이라고 한다.
> 라. 연소점은 일반적으로 인화점보다 10℃ 높다.

① 가
② 가, 나
③ 가, 나, 다
④ 가, 나, 다, 라

해설
가. × 연소범위에서 외부의 직접적인 점화원에 의해 인화될 수 있는 최저온도를 '인화점'이라고 한다.
나. × 외부의 직접적인 점화원 없이 가열된 열 축적에 의하여 착화되는 최저온도를 '발화점'이라고 한다.
다. × 연소상태가 계속될 수 있는 온도를 '연소점'이라고 한다.
라. ○ 연소점은 일반적으로 인화점보다 10℃ 높다.

▶ 교재 p.78

14 B급 화재에 대한 설명으로 옳지 않은 것은?

① 상온에서 액체상태인 유류가 가연물이 되는 화재이다.
② 알코올 등의 수용성 액체의 화재에는 일반포를 사용한다.
③ 연소 후 재를 남기지 않는다.
④ 포 등을 이용한 질식소화가 적응성이 있다.

해설 알코올 등의 수용성 액체는 일반포는 적응성이 없으므로 내알코올형포를 사용해야 한다.

▶ 교재 p.98

15 용접(용단) 작업 시 비산불티의 특성으로 옳은 것만 짝지은 것은?

> ㉠ 용접(용단) 작업 시 수 천개의 비산된 불티 발생
> ㉡ 비산불티는 풍향, 풍속 등에 상관없이 비산거리는 동일
> ㉢ 비산불티는 약 1,600℃ 이상의 고온체이다.
> ㉣ 비산불티는 짧게는 작업과 동시에서부터 수 분 사이, 길게는 수 시간 이후에도 화재가능성이 있다.

① ㉠, ㉡
② ㉠, ㉡, ㉢
③ ㉠, ㉢, ㉣
④ ㉠, ㉡, ㉢, ㉣

해설 ㉡ 비산불티는 풍향, 풍속 등에 의해 비산거리가 상이하다.

정답 13.③ 14.② 15.③

▶ 교재 p.106

16 위험물안전관리자가 5월 4일에 해임되었을 경우 위험물안전관리자의 선임기한과 선임신고에 대한 내용으로 옳은 것은?

	선임기한	선임신고
①	5월 20일	선임한 날부터 14일
②	5월 20일	선임한 날부터 30일
③	6월 4일	선임한 날부터 14일
④	6월 4일	선임한 날부터 30일

해설 제조소등의 관계인은 위험물안전관리자를 해임하거나 퇴직한 때에는 해임하거나 퇴직한 날로부터 30일 이내에 다시 선임하여야 하고, 선임한 날부터 14일 이내에 신고하여야 한다.

▶ 교재 p.106

17 다음 특성을 가진 위험물은?

물과 반응하거나 자연발화에 의해 발열 또는 가연성가스가 발생하는 성질

① 제1류 위험물 ② 제2류 위험물
③ 제3류 위험물 ④ 제4류 위험물

해설 물과 반응하거나 자연발화에 의해 발열 또는 가연성가스가 발생하는 성질을 갖는 위험물은 제3류 위험물이다.

▶ 교재 p.109

18 전기 화재의 주요 원인으로 옳지 않은 것은?

① 전기기계기구의 누전에 의한 발화
② 멀티콘센트의 허용전류를 초과해서 발생하는 과전류에 의한 발화
③ 전선이 무거운 물건 등에 눌렸을 때 단락에 의한 발화
④ 열선 및 전기기계기구 등의 절연으로 인한 발화

해설 배선 및 전기기계기구 등의 절연은 오히려 전기 화재를 방지하는 것으로 전기 화재의 주요 원인으로 볼 수 없다.

정답 16.③ 17.③ 18.④

▶ 교재 p.111~113

19. 다음 연료가스의 종류와 특성에서 옳지 않은 것을 모두 고른 것은?

구분		액화천연가스	액화석유가스
가	주성분	메탄	프로판, 부탄
나	비중	1.5~2	0.6
다	폭발범위	5~15%	프로판 : 2.1~9.5%
라	가스누설 경보기 (수평거리)	4m 이내	8m 이내

① 가, 라
② 가, 다
③ 나, 라
④ 가, 나, 다, 라

해설
나. 액화천연가스의 비중 – 0.6, 액화석유가스의 비중 – 1.5~2
라. 액화천연가스 가스누설 경보기 – 8m 이내, 액화석유가스 가스누설 경보기 – 4m 이내

▶ 교재 p.121

20. 다음 중 방화구획 설치기준으로 옳은 것만 고른 것은?

〈조건〉
- 설치된 소화설비 : 스프링클러설비
- 벽 및 반자의 실내마감 : 불연재료

구분	구획기준
면적별 구획	10층 이하의 층은 바닥면적 (㉠) 이내마다 구획 11층 이상의 층은 바닥면적 (㉡) 이내마다 구획
층별 구획	매층마다 구획 다만, 지하 1층마다 지상으로 직접 연결하는 (㉢) 부위는 제외

	㉠	㉡	㉢
①	1,000m²	200m²	경사로
②	1,000m²	1,500m²	특별계단
③	1,000m²	500m²	옥외계단
④	3,000m²	1,500m²	경사로

해설 스프링클러설비가 설치된 경우 원래 방화구획의 3배 이내마다 구획하므로 10층 이하의 층은 1,000m²의 3배인 ㉠ 3,000m²이고, 11층 이상의 경우 벽 및 반자의 실내마감이 불연재료로 되어 있으므로 500m²의 3배인 ㉡ 1,500m²이다. 층별 구획에서 지하 1층마다 지상으로 직접 연결하는 ㉢ 경사로 부위는 제외된다.

정답 19.③ 20.④

▶ 교재 p.126

21. 피난시설, 방화구획 및 방화시설 유지·관리에 대한 내용으로 옳지 않은 것은?

① 피난계단은 옥내피난계단, 옥외피난계단, 특별피난계단을 말한다.
② 건물 내부에서 피난계단으로 통하는 출입구에는 방화문을 설치하고, 이곳으로 통하는 통로에는 쉽게 찾을 수 있도록 피난구유도등 또는 유도표지를 설치한다.
③ 피난시설은 계단(직통계단·피난계단), 복도 출입구(비상구 포함), 그 밖의 피난시설(옥상광장, 피난안전구역, 피난용 승강기 및 승강장 등)을 말한다.
④ 방화시설은 방화구획(방화문, 방화셔터, 내화구조의 바닥·벽), 제연설비, 방화벽 및 내화성능을 갖춘 내부마감재 등을 말한다.

해설 제연설비는 방화시설에 해당하지 않는다.

▶ 교재 p.133

22. 자동소화장치에 해당하지 않는 것은?

① 분말자동소화장치
② 주거용 주방자동소화장치
③ 캐비닛형자동소화장치
④ 자동소화자동확산소화기

해설 자동소화자동확산소화기는 현재까지 존재하지 않는 것이다.

▶ 자동소화장치

> ㉠ 주거용 주방자동소화장치
> ㉡ 상업용 주방자동소화장치
> ㉢ 캐비닛형 자동소화장치
> ㉣ 가스자동소화장치
> ㉤ 분말자동소화장치
> ㉥ 고체에어로졸자동소화장치

▶ 교재 p.78~85

23. 다음 중 화재와 소화기 연결이 알맞게 된 것은?

① 나트륨, 칼륨 등 금속화재 - 분말소화기
② 타르, 솔벤트, 알코올 등의 유류화재 - 이산화탄소 소화기
③ 동식물유 화재 - 할론 소화기
④ 나무, 섬유, 종이 등 화재 - 이산화탄소 소화기

해설 ① 나트륨, 칼륨 등 금속화재는 팽창질석 또는 마른모래 등으로 소화해야 한다.
③ 동식물유 화재는 K급 화재로 K급소화기를 사용하여 소화해야 한다.
④ 나무, 섬유, 종이 등 화재는 A급 일반화재로 ABC급 분말소화기로 소화해야 한다.

정답 21.④ 22.④ 23.②

24 옥외소화전함 등에 대한 내용으로 옳은 것만 짝지은 것은?

㉠ 옥외소화전이 10개 이하 설치된 경우 옥외소화전마다 5m 이내의 장소에 1개 이상의 소화전함을 설치해야 한다.
㉡ 가압송수장치의 조작부 또는 그 부분에는 가압송수장치의 기동을 명시하는 적색등을 설치해야 한다.
㉢ 호스는 구경 40mm의 것으로 하여야 한다.
㉣ 소화전함 표면에는 "옥외소화전" 표시를 한 표지를 하여야 한다.

① ㉠, ㉡
② ㉠, ㉡, ㉢
③ ㉠, ㉡, ㉣
④ ㉠, ㉡, ㉢, ㉣

해설 ㉢ 호스의 구경은 65mm이다.

25 건축법에 따른 대수선에 해당하지 않는 것은?

① 지붕틀을 3개 이상 수선 또는 변경하는 것
② 기둥을 2개 이상 수선 또는 변경하는 것
③ 보를 3개 이상 수선 또는 변경하는 것
④ 주계단, 피난계단을 수선 또는 변경하는 것

해설 기둥을 3개 이상 수선 또는 변경하는 경우에 대수선에 해당한다.

정답 24.③ 25.②

제 2 과목

26 회로 도통시험에 대한 설명으로 옳지 않은 것은?

① 로터리방식의 경우 도통시험스위치와 자동복구스위치를 누른 후에 점검한다.
② 버튼방식의 경우 도통시험스위치를 누른 후 각 경계구역 동작버튼을 차례로 누른다.
③ 로터리방식의 경우 회로시험스위치와 도통시험스위치를 복구한다.
④ 버튼방식의 경우 도통시험스위치를 복구한다.

> 해설 회로 도통시험의 경우 자동복구스위치를 누르지 않는다. 자동복구스위치를 누르고 시험하는 것은 동작시험이다.

27 준비작동식 스프링클러설비의 작동방법으로 옳지 않은 것은?

① 수동조작함의 수동조작스위치 작동
② 해당 방호구역의 감지기 2개 회로 작동
③ 해당 방호구역의 발신기 작동
④ 밸브 자체에 부착된 수동기동밸브 개방

> 해설 ▶ 준비작동식 스프링클러설비의 작동방법
>
> ㉠ 해당 방호구역의 감지기 2개 회로 작동
> ㉡ SVP(수동조작함)의 수동조작스위치 작동
> ㉢ 밸브 자체에 부착된 수동기동밸브 개방
> ㉣ 감시제어반(수신기)측의 준비작동식 유수검지장치 수동기동스위치 작동
> ㉤ 감시제어반(수신기)에서 동작시험 스위치 및 회로선택스위치 작동(2회로 작동)

28 자동화재탐지설비의 점검사항으로 옳지 않은 것은?

① 비상전원 연결소켓이 분리된 경우 예비전원감시등이 점등된다.
② 수신기 내부의 퓨즈가 단선되면 퓨즈 옆에 적색 LED가 점등된다.
③ 점검시간을 단축하기 위하여 수신기를 축적위치로 하고 감지기 점검을 실시한다.
④ 수신기에 공급되는 전압상태가 정상상태라면 교류전원등에 점등되고, 전압지시 표시등은 정상에 점등되어야 한다.

> 해설 수신기를 비축적위치로 하고 감지기 점검을 실시한다.

▶ 교재 p.218

29

P형 수신기(로터리 방식)의 동작시험 순서로 올바른 것은?

> ㉠ 동작(화재)시험 스위치를 누른다.
> ㉡ 경계구역마다 회로선택스위치를 차례로 회전시켜 시험한다.
> ㉢ 화재표시등, 지구(경계구역)표시등, 음향장치의 작동 등 정상 동작여부를 확인한다.
> ㉣ 자동복구스위치를 누른다.
> ㉤ 수신기를 초기상태로 복구한다.

① ㉠ → ㉡ → ㉢ → ㉣ → ㉤
② ㉠ → ㉡ → ㉢ → ㉤ → ㉣
③ ㉠ → ㉣ → ㉡ → ㉢ → ㉤
④ ㉠ → ㉣ → ㉡ → ㉤ → ㉢

해설 '㉠ 동작(화재)시험 스위치를 누른다. → ㉣ 자동복구스위치를 누른다. → ㉡ 경계구역마다 회로선택스위치를 차례로 회전시켜 시험한다. → ㉢ 화재표시등, 지구(경계구역)표시등, 음향장치의 작동 등 정상 동작여부를 확인한다. → ㉤ 수신기를 초기상태로 복구한다.' 순으로 동작시험이 진행된다.

▶ 교재 p.209, p.221

30

다음 전압계가 있는 수신기의 도통시험 결과와 각 층의 동작시험에 따른 음향장치의 음량 크기를 측정한 점검결과에 대한 설명으로 옳지 않은 것은?

〈점검결과〉

경계구역(층)	수신기 도통시험(V)	수신기 동작시험 시 음량 크기
지하1층	0V	90db
1층	6V	100db
2층	8V	80db

① 지하1층의 도통시험 결과는 불량이다.
② 1층 음향장치의 음량 크기는 정상이다.
③ 2층 음향장치의 음량 크기는 정상이다.
④ 1층의 도통시험 결과는 정상이다.

해설 2층 음향장치의 음량 크기는 80db로 기준치인 90db 이상에 못 미치므로 불량이다.

정답 29.③ 30.③

31

아래와 같은 수신기에서 회로시험스위치를 정상위치에서 1, 2번을 거쳐 3번으로 돌렸을 때 나타나는 현상으로 옳은 것은?

※ 현재 수신기는 현재 비축적상태이다.

① E/V의 지구표시등만 점등상태를 계속 유지한다.
② 도통시험 표시등의 정상등이 점멸상태를 유지한다.
③ 주경종과 지구경종은 작동되나 화재표시등은 미점등상태를 유지한다.
④ 좌측, 주계단, E/V의 지구표시등이 점등상태를 계속 유지한다.

해설 동작시험스위치가 눌려져 있는 상태이므로 회로선택스위치를 1,2번에서 3번으로 돌렸다면 화재표시등, 주경종, 지구경종과 E/V의 지구표시등이 점등상태를 유지한다. 동작시험 중이므로 도통시험 표시등의 정상등은 점멸상태를 유지한다.

정답 31.②

32. 비화재보 발생 시 조치 방법을 순서대로 나열한 것은?

㉮ 수신기 확인 ㉯ 실재화재 여부 확인
㉰ 수신기 복구 ㉱ 음향장치 복구
㉲ 음향장치 정지 ㉳ 비화재보 원인 제거

① ㉮ → ㉰ → ㉯ → ㉲ → ㉱ → ㉳
② ㉮ → ㉰ → ㉯ → ㉲ → ㉳ → ㉱
③ ㉮ → ㉯ → ㉲ → ㉰ → ㉱ → ㉳
④ ㉮ → ㉯ → ㉲ → ㉳ → ㉰ → ㉱

[해설] 비화재보 시 ㉮ 수신기 확인 → ㉯ 실재화재 여부 확인 → ㉲ 음향장치 정지 → ㉳ 비화재보 원인 제거 → ㉰ 수신기 복구 → ㉱ 음향장치 복구 순으로 대처한다.

33. 완강기 적응성이 없는 것은?

① 장례식장 8층
② 공동주택 5층
③ 노유자시설 3층
④ 업무시설 10층

[해설] 노유자시설의 경우 층에 관계없이 완강기에 피난기구 적응성이 없다. ① 장례시장, ② 공동주택, ④ 업무시설은 모두 그 밖의 것에 해당되고 3층 이상의 경우 모두 완강기의 피난기구 적응성이 있다.

34. 유도등 점검내용으로 옳지 않은 것은?

① 3선식 유도등은 수신기에서 수동으로 점등시킨 후 점등여부 확인
② 2선식 유도등일 경우 평상시 점등되어 있는지 여부 확인
③ 3선식 유도등일 경우 감지기 또는 발신기를 현장에서 동작시켜 유도등이 점등되는지 확인
④ 수신기에서 예비전원 시험을 통해 유도등의 예비전원 상태 확인

[해설] 예비전원 점검은 외부에 있는 점검스위치(배터리상태 점검스위치)를 당겨보는 방법 또는 점검버튼을 눌러서 점등상태를 확인한다.

정답 32.④ 33.③ 34.④

35. 다음은 옥내소화전설비 계통도이다. 아래 〈그림〉에서 유수흐름의 방향이 잘못된 것은?

① ㉠
② ㉡
③ ㉢
④ ㉣

해설 ㉡의 방향은 '왼쪽에서 오른쪽'이 아니라 '오른쪽에서 왼쪽'이다.

36. 특정소방대상물의 소방계획서 작성 시 주요내용에 해당하지 않는 것은?

① 화재 예방을 위한 자체점검계획 및 진압대책
② 소화와 연소 방지에 관한 사항
③ 화재원인 조사에 관한 사항
④ 피난층 및 피난시설의 위치와 피난경로의 설정(화재안전취약자의 피난계획 포함)

해설 화재원인 조사는 조사에 필요한 전문적 지식과 기술을 가진 조사관이 수행해야 한다. 따라서 소방안전관리자가 소방계획으로 정할 수 있는 사항이 아니다.

37 아래 자동화재탐지설비의 수신기의 상태를 보았을 때 옳은 것은?

① 예비전원으로 작동하고 있다.
② 경계구역 버튼을 원상태로 하면 스위치주의등이 깜빡이지 않을 것이다.
③ 4층 발신기가 작동하였다.
④ 지구경종이 작동하고 있다.

해설 ① 교류전원으로 작동하고 있다.
③ 4층 경계구역 버튼이 작동하였다.
④ 지구경종 버튼이 눌려 있어서 지구경종은 작동하지 않는다.

38 준비작동식 스프링클러설비의 프리액션밸브 작동과 관계없는 것은?
① 밸브 개방표시등 점등
② 사이렌 경보
③ 압력스위치 작동
④ 방호구역 외부 방출표시등 점등

해설 방호구역 외부 방출표시등 점등은 이산화탄소소화설비에 해당하는 내용이다.

정답 37.② 38.④

▶ 교재 p.255

39
다음은 ○○건물의 자위소방대 및 초기대응체계 편성표의 내용이다. ㉠~㉣에 대한 내용으로 옳지 않은 것은?

자위소방대	□ 편성인원 　㉠ 대장　　1명 　㉡ 부대장　1명 　　대원　　10명 □ 조직구성 　지휘통제팀　2명 　비상연락팀　2명 　㉢ 초기소화팀　2명 　피난유도팀　4명
㉣ 초기대응체계	□ A조 2명, B조 2명

① ㉣ - A건물이 이용되는 기간 동안에는 상시로 운영되어야 한다.
② ㉠ - A건물 소유주(건물주)를 자위소방대 대장으로 지정할 수 있다.
③ ㉢ - 초기소화팀의 주된 임무는 각 팀을 지휘하는 것이다.
④ ㉠, ㉡ - 대장 또는 부대장이 대상물에 부재하는 경우에는 업무 대리자를 지정해야 한다.

[해설] 초기소화팀은 초기소화설비를 이용한 조기 화재진압 임무를 수행한다.

▶ 교재 p.396

40
2024년 소방시설 작동점검을 실시하여 A~C실의 분말소화기 점검결과가 아래 표와 같을 때 점검표를 올바르게 작성한 것은?

	A실	B실	C실
압력상태	0.7MPa	0.8MPa	0.9MPa
제조년월	2012.4	2020.7	2015.3

[작동점검표]

번호	점검항목	점검결과
1-A-007	○지시압력계(녹색범위)의 적정여부	(ⓐ)
1-A-008	○수동식 분말소화기 내용연수(10년) 적정여부	(ⓑ)

	ⓐ	ⓑ
①	○	×
②	○	○
③	×	○
④	×	×

정답 39.③　40.①

해설 ⓐ 분말소화기 지시압력계의 적정범위는 0.7~0.98MPa이므로 A, B, C실 소화기 모두 양호(○)하다.
ⓑ A실 소화기의 경우 제조년월이 2012.4이므로 분말소화기 내용연수 10년을 넘었으므로 불량(×)이다. 제품을 교체하거나 성능검사에 합격하여야 한다.

▶ 교재 p.126

41 아래 그림에서 설명하는 계단의 연결로 옳은 것은?

㉠ 피난동선은 옥내 → 부속실 → 계단실 → 피난층이다.
㉡ 건축물의 내부 다른 부분과 방화구획 및 계단실과 옥내 사이에 부속실을 설치한 계단이다.
㉢ 피난동선은 옥내 → 계단실 → 피난층이다.

	㉠	㉡	㉢
①	피난계단	특별피난계단	피난계단
②	피난계단	특별피난계단	특별피난계단
③	특별피난계단	특별피난계단	피난계단
④	특별피난계단	피난계단	특별피난계단

해설 ㉠㉡은 특별피난계단, ㉢은 피난계단이다.

정답 41.③

42 준비작동식 스프링클러설비 점검 중 실수로 아래 ㉠버튼을 건드려서 그림과 같이 되었다. 아래 그림을 보고 맞는 내용을 고르면?

① 수동으로 충압펌프가 기동된다.
② 자동으로 충압펌프가 기동된다.
③ 프리액션밸브(준비작동식 유수검지장치)가 기동하고 충압펌프가 기동한다.
④ 프리액션밸브(준비작동식 유수검지장치)가 기동하지 않고 충압펌프도 기동하지 않는다.

해설 ② 주펌프작동 후 자동으로 충압펌프가 기동하는 것이 아니고 충압펌프가 수동으로 기동된 경우이다.
③에서 프리액션밸브는 기동하지 않고 있다.
④에서 프리액션밸브가 기동하지 않았지만 충압펌프는 수동으로 기동되었다.

43 다음 중 동기부여의 원칙에 해당하는 것만 고른 것은?

㉠ 학습에 대한 보상을 제공해야 한다.
㉡ 학습자에게 감동이 있는 교육이 되어야 한다.
㉢ 교육은 시기적절하게(Just-in-time) 이루어져야 한다.
㉣ 실습을 통해 지식을 습득한다.
㉤ 어떠한 기술을 어느 정도까지 익혀야 하는가를 명확하게 제시한다.

① ㉠, ㉡
② ㉠, ㉢
③ ㉡, ㉢, ㉤
④ ㉠, ㉡, ㉢, ㉣

정답 42.① 43.②

해설 동기부여의 원칙에 해당하는 것은 ㉠, ㉢이다.

▶ 동기부여의 원칙

ⓐ 교육의 중요성을 전달해야 한다.
ⓑ 학습을 위해 적절한 스케줄을 적절히 배정해야 한다.
ⓒ 교육은 시기적절하게(Just-in-time) 이루어져야 한다.
ⓓ 핵심사항에 교육의 포커스를 맞추어야 한다.
ⓔ 학습에 대한 보상을 제공해야 한다.
ⓕ 교육에 재미를 부여해야 한다.
ⓖ 교육에 있어 다양성을 활용해야 한다.
ⓗ 사회적 상호작용(social interaction)을 제공해야 한다.
ⓘ 전문성을 공유해야 한다.
ⓙ 초기성공에 대해 격려해야 한다.

44

〈감시제어반〉에 표시된 상황이 아래와 같을 때 〈동력제어반〉에서 켜져야 하는 표시등으로 알맞게 짝지은 것은?

① (가), (나) ② (가), (라)
③ (다), (나) ④ (다), (라)

해설 〈감시제어반〉의 주펌프와 충압펌프가 모두 수동으로 기동된 상황이므로 〈동력제어반〉의 주펌프 기동, 충압펌프 기동 표시등이 모두 켜져야 한다.

정답 44.①

45 준비작동식 스프링클러설비의 감시제어반의 상태가 아래 〈그림〉과 같을 때 발생하는 현상으로 옳은 것은?

① 감지기 a, b가 작동하여 펌프가 기동하였다.
② 주경종과 지구경종이 작동하였다.
③ 수신기에서 화재표시등이 점등되었다.
④ 예비전원감시등이 점등되었다.

해설 ③ 화재표시등은 점등되었다.
　　　① 수동기동스위치가 작동하여 펌프가 기동한 것이므로 틀린 내용이다.
　　　② 주경종과 지구경종 버튼이 눌려 있으므로 주경종과 지구경종은 작동하지 않는다.
　　　④ 예비전원감시등은 작동하지 않았다.

정답 45.③

46

준비작동식 스프링클러설비의 감시제어반의 상태가 아래 〈그림〉과 같을 때 점등되는 것으로 맞는 것은?

① 감지기 a
② 감지기 b
③ 방출표시등
④ 도통 정상등

해설 수동기동장치를 작동하였을 때는 방출표시등이 점등된다. 감지기가 작동한 것이 아니므로 ① 감지기 a, ② 감지기 b는 점등되지 않는다. ④ 도통 정상등은 도통시험에 정상적으로 도통되는 경우에만 점등된다.

47

응급처치에 관한 설명으로 옳은 것은?

①	기도확보	이물질이 제거된 후 머리를 뒤로 젖히고, 턱을 위로 들어 올려 기도가 개방되도록 한다.
②	출혈	출혈부위를 심장보다 높여주고 상처부위에 따뜻한 찜질을 해준다.
③	화상	화상부위에 옷가지가 붙어 있을 경우에는 감염의 위험이 있으므로 흐르는 물로 씻어 낸다.
④	심폐소생술	심폐소생술은 '기도유지 → 인공호흡 → 가슴압박' 순으로 한다.

정답 46.③ 47.①

해설 ② 출혈 시 출혈부위를 심장보다 높여주고 상처부위에 차가운 국소찜질을 해준다.
③ 화상부위에 옷가지가 붙어 있을 경우에는 옷을 제거하지 말아야 한다.
④ 심폐소생술은 '가슴압박 → 기도유지 → 인공호흡' 순으로 한다.

48. 다음 중 자동심장충격기(AED) 패드 부착위치로 바르게 짝지어진 것은?

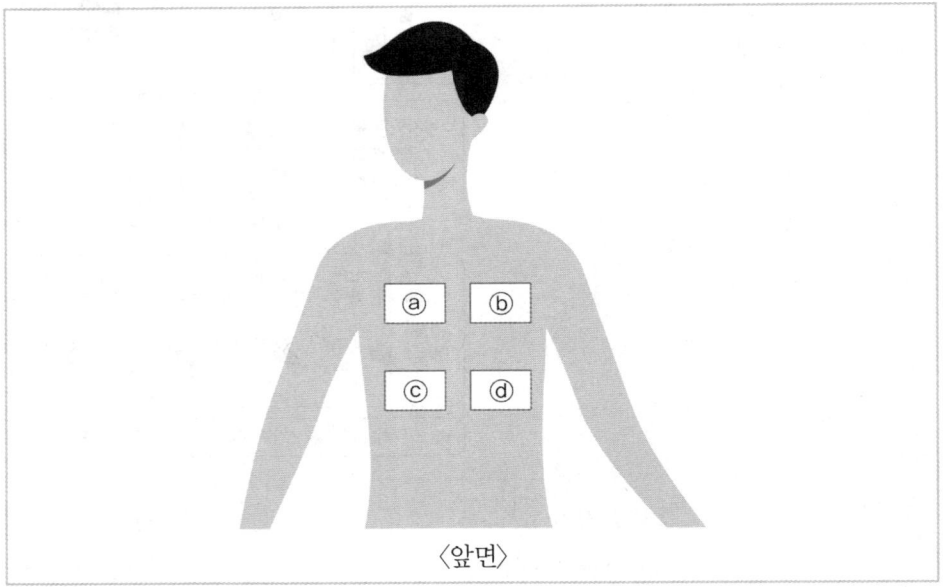

① ⓐ, ⓑ
② ⓐ, ⓓ
③ ⓒ, ⓑ
④ ⓒ, ⓓ

해설 하나의 패드는 **오른쪽** 빗장뼈(쇄골) 바로 아래쪽에, 다른 패드는 왼쪽 젖꼭지 아래의 중간겨드랑선에 부착 후 심장충격기 본체와 연결한다. 따라서 그림의 ⓐ, ⓓ 위치에 부착한다.

49. 소방서장은 소방안전관리대상물의 관계인으로 하여금 합동소방훈련을 실시하게 할 수 있는데 그 대상물에 해당되지 않는 것은?

① 연면적 35,000m²인 종합병원
② 연면적 25,000m²인 시외버스터미널
③ 지상 28층, 지하 4층인 아파트
④ 층수가 12층인 업무시설

해설 소방서장은 특급 및 1급 소방안전관리대상물의 관계인으로 하여금 합동소방훈련을 실시하게 할 수 있으므로 최소 1급 소방안전관리대상물이 아닌 경우 합동소방훈련을 실시하게 할 수 있는 대상물이 아니다. 아파트의 경우 지하층을 제외한 지상 30층 이상이거나 지상으로부터 높이가 120m 이상이어야 하므로 ③의 경우 1급 소방안전관리대상물이 아니다.

정답 48.② 49.③

50. 장애유형별 피난보조 예시에 관한 내용으로 옳은 것을 모두 고르면?

㉠ 노약자 : 지병을 표시하고, 1인의 유도자를 지정하여 줄서서 피난한다.
㉡ 지체장애인 : 2인 이상이 1조가 되어 피난을 보조한다.
㉢ 시각장애인 : 시각적인 전달을 위해 표정이나 제스처를 사용한다.
㉣ 청각장애인 : 피난유도 시 여기, 저기 등 애매한 표현보다 좌측 1m, 왼쪽 2m 같이 명확하게 표현하고 피난한다.

① ㉠, ㉡
② ㉠, ㉡, ㉢
③ ㉠, ㉢, ㉣
④ ㉠, ㉡, ㉢, ㉣

해설 ㉠, ㉡이 옳은 내용이다.
㉢ 시각장애인 : 피난유도 시 여기, 저기 등 애매한 표현보다 좌측 1m, 왼쪽 2m 같이 명확하게 표현하고 피난한다.
㉣ 청각장애인 : 시각적인 전달을 위해 표정이나 제스처를 사용한다.

정답 50.①

마무리용 주관식 단답문제

01 (　　　　　) 화재, 재난·재해, 그 밖의 위급한 상황이 발생한 현장에서 소방대를 지휘하는 사람을 소방대장이라 한다.

02 소방대상물의 (　　, 　　) 또는 (　　　)를 관계인이라고 한다.

03 소방자동차의 출동을 방해한 사람은 (　　　　　)에 처한다.

04 화재가 발생하거나 불이 번질 우려가 있는 소방대상물 또는 토지의 강제처분을 방해한 자 또는 정당한 사유 없이 그 처분에 따르지 아니한 자는 (　　　　　)에 처한다.

05 피난명령을 위반한 자는 (　　　　　)에 처한다.

06 소방활동구역을 출입한 사람은 (　　　　　)에 처한다.

07 소방자동차 전용구역에 주차하거나 전용구역에의 진입을 가로막는 등의 방해행위를 한 자는 (　　　　　)에 처한다.

08 공장·창고 밀집지역에서 화재로 오인할 만한 우려가 있는 불을 피우거나 연막소독을 실시하고자 하는 자가 신고를 하지 아니하여 소방자동차를 출동하게 한 자는 (　　　　　)에 처한다.

09 (　　　　　)가 화재발생 우려가 크거나 화재가 발생할 경우 피해가 클 것으로 예상되는 지역에 대하여 화재의 예방 및 안전관리를 강화하기 위해 지정·관리하는 지역을 화재예방강화지구라고 한다.

10 소방관서장은 화재안전조사의 조사대상, 조사기간 및 조사사유 등 조사계획을 소방관서의 홈페이지나 전산시스템을 통해 (　　) 이상 공개해야 한다.

11 소방관서장은 화재 발생 위험이 크거나 소화 활동에 지장을 줄 수 있다고 인정되는 물건 등을 옮겨서 보관하는 경우에는 그 날부터 (　　) 동안 해당 소방관서의 인터넷 홈페이지에 그 사실을 공고해야 하며, 보관기간은 공고기간의 종료일 다음날부터 (　　)까지로 한다.

12 ▶ 특급 소방안전관리대상물
① (　　) 이상(지하층 제외)이거나 지상으로부터 높이가 (　　) 이상인 아파트
② (　　) 이상(지하층 포함)이거나 지상으로부터 높이가 (　　) 이상인 특정소방대상물(아파트 제외)
③ ②에 해당하지 아니한 특정소방대상물로서 연면적이 (　　) 이상인 특정소방대상물(아파트 제외)

13 ▶ 1급 소방안전관리대상물
① (　　) 이상(지하층 제외)이거나 지상으로부터 높이가 (　　) 이상인 아파트
② 연면적 (　　) 이상인 특정소방대상물(아파트 및 연립주택 제외)
③ ②에 해당하지 아니하는 특정소방대상물로서 층수가 (　　) 이상인 특정소방대상물(아파트 제외)
④ 가연성 가스를 (　　) 이상 저장·취급하는 시설

14 ▶ 2급 소방안전관리대상물
① 옥내소화전설비·스프링클러설비, 물분무등소화설비(호스릴방식만을 설치한 경우 제외)를 설치하는 특정소방대상물
② 가스제조설비를 갖추고 도시가스사업허가를 받아야 하는 시설 또는 가연성가스를 (　　) 이상 (　　) 미만 저장·취급하는 시설
③ (　　)
④ 공동주택
⑤ 보물 또는 국보로 지정된 (　　)

15 ▶ 3급 소방안전관리대상물
특급, 1급 및 2급 특정소방대상물을 제외한 특정소방대상물 중 (　　)를 설치하는 특정소방대상물

16 소방공무원으로 (   ) 이상 근무한 경력이 있는 사람은 특급 소방안전관리자 선임자격이 있다.

17 소방공무원으로 (   ) 이상 근무한 경력이 있는 사람은 1급 소방안전관리자 선임자격이 있다.

18 소방공무원으로 (   ) 이상 근무한 경력이 있는 사람은 2급 소방안전관리자 선임자격이 있다.

19 의용소방대원으로 (   ) 이상 근무한 경력이 있는 사람이 소방청장이 실시하는 2급 소방안전관리대상물의 소방안전관리에 관한 시험에 합격한 경우 2급 소방안전관리자 선임자격이 있다.

20 소방공무원으로 (   ) 이상 근무한 경력이 있는 사람은 3급 소방안전관리자 선임자격이 있다.

21 소방안전관리대상물에서 소방안전 관련 업무에 (   ) 이상 근무한 경력이 있는 사람은 소방안전관리 보조자 선임자격이 있다.

22 소방안전관리대상물의 관계인은 소방안전관리(보조)자를 해임한 경우 해임한 날부터 (   ) 이내에 소방안전관리(보조)자를 선임해야 한다.

23 소방안전관리자 또는 소방안전관리보조자를 선임한 경우에는 선임한 날부터 (   ) 이내에 (   )에게 신고하여야 한다.

24 소방안전관리대상물의 소방안전관리자의 업무는?

25 ▶ 소방안전관리 업무의 대행
대통령령으로 정하는 소방안전관리대상물
① 층수가 (   ) 이상인 (   ) 소방안전관리대상물
　　[다만, 연면적 (   ) 이상인 특정소방대상물과 아파트 제외]
② (   ) 소방안전관리대상물

26 ▶ 건설현장 소방안전관리대상물

① 신축·증축·개축·재축·이전·용도변경 또는 대수선을 하려는 부분의 연면적의 합계가 (   ) 이상인 것

② 신축·증축·개축·재축·이전·용도변경 또는 대수선을 하려는 부분의 연면적이 (   ) 이상인 것 중 다음의 어느 하나에 해당하는 것

　㉠ 지하층의 층수가 (   ) 이상인 것

　㉡ 지상층의 층수가 (   ) 이상인 것

　㉢ 냉동창고, 냉장창고, 냉동·냉장창고

27 소방안전관리자 및 소방안전관리보조자는 선임된 날부터 (   ) 이내, 그 이후 (   ) 마다 1회 실무교육을 받아야 한다.

28 소방안전관리자를 선임하지 아니한 자, 소방시설·피난시설·방화시설 및 방화구획 등이 법령에 위반된 것을 발견하였음에도 필요한 조치를 할 것을 요구하지 아니한 소방안전관리자, 소방안전관리자에게 불이익한 처우를 한 관계인에게는 (   )에 처한다.

29 ▶ 무창층

지상층 중 다음 요건을 갖춘 개구부의 면적의 합계가 해당 층의 바닥면적의 (   ) 이하가 되는 층

① 크기는 지름 (   ) 이상의 원이 (   )할 수 있는 크기일 것

② 해당 층의 바닥면으로부터 개구부 밑부분까지의 높이가 (   ) 이내일 것

③ 도로 또는 차량이 진입할 수 있는 빈터를 향할 것

④ 화재 시 건축물로부터 쉽게 피난할 수 있도록 창살이나 그 밖의 장애물이 설치되지 아니할 것

⑤ 내부 또는 외부에서 쉽게 부수거나 열 수 있을 것

30 ▶ 옥상광장 설치대상

(   ) 이상의 층이 다음의 용도로 쓰이는 대상물

① 근린생활시설 중 공연장·종교집회장·인터넷컴퓨터게임시설제공업소[해당용도로 쓰는 바닥면적의 합계가 각각 (   ) 이상 경우]

② 문화 및 집회시설[(   ) 제외]

③ 종교시설, 판매시설, 위락시설 중 (   )

31 옥상광장 또는 2층 이상인 층에 노대(노대나 그 밖에 이와 비슷한 것) 등의 주위에 높이 (　　)이상의 난간을 설치하여야 한다.

32 관리업자 등은 자체점검을 실시한 경우에는 그 점검이 끝난 날부터 (　　) 이내에 소방시설 등 자체점검 실시결과 보고서에 소방시설 등 점검표를 첨부하여 관계인에게 제출해야 한다.

33 관계인은 점검이 끝난 날부터 (　　) 이내에 소방시설 등 자체점검 실시결과 보고서에 점검인력 배치확인서(관리업자가 점검한 경우만 해당), 소방시설 등의 자체점검 결과 이행계획서를 첨부하여 소방본부장 또는 소방서장에게 서면이나 소방청장이 지정하는 전산망을 통하여 보고해야 한다.

34 소방시설에 폐쇄·차단 등의 행위를 한 자는 (　　　　)에 처한다.

35 소방시설 등에 대하여 스스로 점검을 하지 아니하거나 관리업자 등으로 하여금 정기적으로 점검하게 하지 아니한 자는 (　　　　　)에 처한다.

36 피난시설, 방화구획 또는 방화시설을 폐쇄·훼손·변경 등의 행위를 한 자
① 1차 위반 – (　　　), ② 2차 위반 – (　　　), ③ 3차 위반 – (　　　　)

37 연소범위에서 외부의 직접적인 점화원에 의해 인화될 수 있는 최저온도를 (　　　)이라 한다.

38 (　　)은 연소상태가 계속될 수 있는 온도를 말하며 일반적으로 (　　　)보다 대략 (　　)정도 높은 온도로서 연소상태가 (　　) 이상 유지될 수 있는 온도이다.

39 화재 시 열의 이동에 가장 크게 작용하는 열 이동방식으로 모든 물체의 온도 때문에 열에너지를 (　　)의 형태로 계속적으로 방사하며, 그렇게 방사하는 에너지를 (　　　)라 한다.

40 (　　)는 무색·무취·무미의 환원성이 강한 가스로서 상온에서 염소와 작용하여 독성 가스인 (　　)을 생성하기도 한다.

41 (　　　)에서는 실내온도가 급격히 상승하며 이후 천장 부근에 축적된 가연성 가스가 착화되면 실내 전체가 화염에 휩싸이는 (　　　　) 상태로 된다.

42 (　　　)는 산소공급원을 차단하여 소화하는 방법으로 일반적으로 화재에서 공기는 산소를 (　　) 함유하고 있는데 공기 중의 산소 농도를 (　　　) 이하로 억제함으로써 화재를 소화하는 방법이다.

43 할론소화약제는 (　　　　　)효과가 있는 소화약제이다.

44 위험물 중 강산화제로서 다량의 산소를 함유하고 있는 물질을 (　　　　)이라 하고 그 특성은 산화성 (　　)이다.

45 위험물 중 가연성으로 산소를 함유하여 자기연소 하는 물질을 (　　　　)이라 하고, 그 특성은 (　　　) 물질이라 한다.

46 액화천연가스의 주성분은 (　　)이다.

47 액화천연가스의 폭발범위는 (　　　)이다.

48 가스누설경보기의 설치위치 중 증기비중이 1보다 작은 가스의 경우 연소기로부터 수평거리 (　　) 이내의 위치에 설치한다. 탐지기의 하단은 (　　　　) 이내의 위치에 설치한다.

49 대형소화기는 화재 시 사람이 운반할 수 있도록 운반대와 바퀴가 설치되어 있고 능력단위가 A급 화재 (　　　) 이상, B급 화재 (　　　　) 이상인 것을 말한다.

50 주방에서 동식물유를 취급하는 조리기구에서 일어나는 화재를 (　　　　)라 한다.

51 ABC급 적응화재 분말소화기의 주성분은 (　　　　　)이고, 약제의 색은 (　　　　)이다.

52 축압식 소화기는 지시압력계가 부착되어 사용가능한 범위가 (　　　)로 (　　　)으로 되어 있다.

53 할론1301 소화약제의 원소기호는 (　　　)이다.

54 소화기는 각 층마다 설치하되, 특정소방대상물의 각 부분으로부터 1개의 소화기까지의 보행거리가 소형소화기의 경우에는 (　　　) 이내, 대형소화기의 경우에는 (　　　) 이내가 되도록 배치한다.

55 소화기구(자동확산소화기는 제외)는 바닥으로부터 높이 (　　　) 이하의 곳에 비치한다.

56 ▶ 옥내소화전설비의 성능
① 방수량 : (　　　) 이상
② 방수압 : (　　　)를 갖추어야 한다.

57 옥내소화전설비의 방수구는 층마다 설치하되 소방대상물의 각 부분으로 1개의 소화전 방수구까지의 수평거리는 (　　　) 이하가 되도록 한다.

58 ▶ 옥외소화전설비의 성능
① 방수량 : (　　　) 이상이 되도록 설치
② 방수압력 : 2개의 소화전(설치개수가 1개인 경우에는 1개)을 동시 사용할 경우 각 노즐 선단 방수압력이 (　　　)이다.
③ 종류 : 지상용과 지하용(승하강식을 포함한다)으로 구분한다.

59 ▶ 스프링클러설비의 방수압력 및 방수량
기준개수의 모든 헤드로부터
① 방수압력 : (　　　)
② 방수량 : (　　　)

60 스프링클러설비의 종류 중 동결 우려 장소에서 사용이 가능하고, 헤드 오동작 시 수손피해 우려가 없는 장점이 있는 반면 구조가 복잡하고 시공비가 고가인 것은 (　　　)이다.

61 스프링클러설비의 종류 중 초기화재에 신속하게 대처하기에 용이하나 대량살수로 수손피해 우려가 있는 것은 (　　　)이다.

62 펌프성능시험 중 유량조절밸브를 더욱 개방하여 유량계의 유량이 정격토출량의 (　　　)가 되었을 때 정격양정의 (　　　) 이상이 되는지를 확인하는 시험이 최대운전시험이다.

63 ▶ 자동화재탐지설비 수신기의 설치기준
① 수신기의 조작스위치의 높이 : (　　　　　)
② 수위실 등 상시 사람이 근무하고 있는 장소에 설치

64 ▶ 자동화재탐지설비 음향장치의 설치기준
① 층마다 설치하되, 수평거리 (　　) 이하가 되도록 설치
② 음량 크기는 1m 떨어진 곳에서 (　　) 이상

65 3층 의료시설에는 피난기구로 미끄럼대, (　　　), (　　　), (　　　), 다수인피난장비, 승강식피난기를 설치해야 한다.

66 2층 다중이용업소에는 피난기구로 미끄럼대, (　　　), (　　　), (　　　), 다수인피난장비, 승강식피난기를 설치해야 한다.

67 5층 노유자시설에는 피난기구로 (　　　), (　　　), (　　　), 승강식피난기를 설치해야 한다.

68 ▶ 비상조명등의 유효 작동시간
① (　　) 이상
② (　　) 이상[지하층을 제외한 층수가 (　　) 이상의 층이 있거나 지하층 또는 무창층으로서 용도가 도매시장·소매시장·여객자동차터미널·지하역사 또는 지하상가인 경우]

69 ▶ 휴대용비상조명등의 설치대상
① (　　　　), 다중이용업소
② 수용인원 (　　　) 이상의 영화상영관·판매설 중 대규모점포, 철도 및 도시철도 시정 중 지하역사, 지하가 중 지하상가

70 (　　　)은 피난구 또는 피난 경로로 사용되는 출입구를 표시하여 피난을 유도하는 등으로 피난구의 바닥으로부터 높이 (　　) 이상으로서 출입구에 인접하도록 설치한다.

71 자위소방대장은 자체평가를 위한 체크리스트를 작성하여 활용할 수 있으며 자체평가를 실시한 후에는 관련 기록을 작성하고 (　　)간 보관한다.

72 일반적으로 개인당 혈액량의 (　　　) 출혈 시 생명이 위험해지고 (　　) 출혈 시 생명을 잃게 된다.

73 ▶ 자동심장충격기(AED) 사용방법
① 패드 1 : (　　) 빗장뼈 아래
② 패드 2 : (　　) 젖꼭지 아래의 중간겨드랑선

마무리용 주관식 단답문제 정답

01	소방본부장 또는 소방서장 등
02	소유자, 관리자, 점유자
03	5년 이하의 징역 또는 5천만원 이하의 벌금
04	3년 이하의 징역 또는 3천만원 이하의 벌금
05	100만원 이하의 벌금
06	200만원 이하의 과태료
07	100만원 이하의 과태료
08	20만원 이하의 과태료
09	시·도지사
10	7일
11	14일, 7일
12	① 50층, 200미터, ② 30층, 120미터, ③ 10만제곱미터
13	① 30층, 120미터, ② 1만5천제곱미터, ③ 11층, ④ 1천톤
14	② 100톤, 1천톤, ③ 지하구, ④ 목조건축물
15	간이스프링클러설비 또는 자동화재탐지설비
16	20년
17	7년
18	3년
19	3년
20	1년
21	2년
22	30일
23	14일, 관할 소방본부장 또는 소방서장

마무리용 주관식 단답문제 정답

24 ① 피난계획에 관한 사항과 대통령령으로 정하는 사항이 포함된 소방계획서의 작성 및 시행
② 자위소방대 및 초기대응체계의 구성·운영·교육
③ 피난시설, 방화구획 및 방화시설의 유지·관리
④ 소방훈련 및 교육
⑤ 소방시설 그 밖의 소방관련시설의 유지·관리
⑥ 화기취급의 감독
⑦ 그 밖에 소방안전관리에 필요한 업무

25 ① 11층, 1급, 15,000㎡ ② 2급·3급

26 ① 15,000㎡, ② 5,000㎡, ㉠ 2개 층, ㉡ 11층

27 6개월, 2년

28 300만원 이하 벌금

29 1/30, ① 50cm, 내접, ② 1.2m

30 5층, ① 300㎡, ② 판매시설, ③ 주점영업 또는 장례시설

31 1.2m

32 10일

33 15일

34 5년 이하의 징역 또는 5천만원 이하의 벌금

35 1년 이하의 징역 또는 1천만원 이하의 벌금

36 ① 100만원 과태료, ② 200만원 과태료, ③ 300만원 과태료

37 인화점

38 연소점, 인화점, 10℃, 5초

39 파장, 열복사

40 일산화탄소, 포스겐($COCl_2$)

41 성장기, 플래시오버(Flash Over)

42 질식소화, 21%, 15%

43 질식, 억제(부촉매), 냉각

마무리용 주관식 단답문제 정답

44	제1류 위험물, 고체
45	제5류 위험물, 자기반응성
46	메탄(CH_4)
47	5~15%
48	8m, 천장면의 하방 30cm
49	10단위, 20단위
50	K급 화재
51	제1인산암모늄($NH_4H_2PO_4$), 담홍색
52	0.7~0.98MPa, 녹색
53	CF_3Br
54	20m, 30m
55	1.5m
56	① 130L/min, ② 0.17MPa 이상 0.7MPa 이하
57	25m
58	① 350L/min, ② 0.25~0.7MPa
59	① 0.1MPa 이상 1.2MPa 이하, ② 80L/min
60	준비작동식
61	일제살수식
62	150%, 65%
63	① 0.8m 이상 1.5m 이하
64	① 25m, ② 90dB
65	구조대, 피난교, 피난용트랩
66	피난사다리, 구조대, 완강기

마무리용 주관식 단답문제 정답

67 구조대*, 피난교, 다수인피난장비
*구조대는 장애인 관련시설로서 사용자 중 스스로 피난이 불가한 자가 있는 경우 추가로 설치하는 경우에 한한다.

68 ① 20분, ② 60분, 11층

69 ① 숙박시설, ② 100명

70 피난구유도등, 1.5m

71 2년

72 15~20%, 30%

73 ① 오른쪽, ② 왼쪽

SHORTS
소방안전관리자 2급
기출예상문제집

시험직전 꼭!
합격을 좌우하는
알짜 꿀팁

서울고시각

01 소방관계법령

Chapter 1　**소방기본법** : 공공의 안녕질서 유지, 복리증진

1 총칙

(1) 소방대상물 : 건축물, 차량, 항구에 매어둔 선박, 선박건조구조물, 산림…
　　　　　　　　　　　　　↳ 항해 중인 선박×

(2) 관계인 : 소유자·관리자, 점유자
　　　　　　　　　　　　↳ 시공자×

(3) 소방대 : 소방공무원, 의무소방원, 의용소방대원

(4) 소방대장 : 현장에서 소방대를 지휘하는 자(소방본부장 또는 소방서장)

2 한국소방안전원

(1) 설립 목적 : 소방기술과 안전관리기술의 향상
　　　　　　　↳ 검사기관×

(2) 업무
　① 소방기술과 안전관리에 관한 교육 및 조사·연구
　② 소방기술과 안전관리에 관한 각종 간행물 발간
　③ 화재예방과 안전관리의식 고취를 위한 대국민 홍보
　④ 소방업무에 관하여 행정기관이 위탁하는 업무
　⑤ 소방안전에 관한 국제협력
　⑥ 그 밖에 회원의 복리증진 등 정관이 정하는 사항

시험 직전 꼭! 합격을 좌우하는 알짜 꿀 Tip

3 벌칙

5년 이하 징역 or 5천만원 이하 벌금	① 화재진압·인명구조 또는 구급활동 방해 ② 소방대 출동 방해·활동 방해·장비 훼손 ③ 소방차출동 방해 ④ 구출·소화활동 방해 ⑤ 소방용수 정당한 사유 없이 사용, 효용 침해 및 사용 방해
3년 이하 징역 or 3천만원 이하 벌금	소방대상물 및 토지 강제처분 방해 or 강제처분 불이행
100만원 이하의 벌금	① 소방대의 생활안전활동 방해 ② 소방대 도착 전 구호·소화·불 확산 방지 의무 위반 ③ 피난명령위반 ④ 물 사용 방해, 수도 개폐장치 사용 or 조작 방해 ⑤ 긴급조치 방해

(1) 500만원 이하의 과태료
   화재 또는 구조·구급이 필요한 상황을 거짓으로 알린 사람

(2) 200만원 이하의 과태료
   ① 소방자동차의 출동에 지장을 준 자
   ② 소방활동구역을 출입한 사람
   ③ 한국소방안전원 또는 이와 유사한 명칭을 사용한 자

(3) 100만원 이하의 과태료
   소방자동차 전용구역에 주차하거나 전용구역에의 진입을 가로막는 등의 방해행위를 한 자

(4) 20만원 이하의 과태료
   아래의 지역 또는 장소에서 화재로 오인할 만한 우려가 있는 불을 피우거나 연막소독을 실시하고자 하는 자가 신고를 하지 아니하여 소방자동차를 출동하게 한 자
   ① 시장지역
   ② 공장·창고 밀집지역
   ③ 목조건물 밀집지역
   ④ 위험물의 저장 및 처리시설 밀집지역
   ⑤ 석유화학 제품을 생산하는 공장지역
   ⑥ 그 밖에 시·도 조례로 정하는 지역 또는 장소

Chapter 2 ▶ 화재예방의 예방 및 안전관리에 관한 법률

1 화재 예방조치

(1) 화재예방강화지구
  ① 시장지역
  ② 공장·창고가 밀집한 지역
  ③ 목조건물이 밀집한 지역
  ④ 노후·불량건축물이 밀집한 지역
  ⑤ 위험물 저장 및 처리시설 밀집지역
  ⑥ 석유화학제품을 생산하는 공장이 있는 지역
  ⑦ 산업단지
  ⑧ 소방시설, 소방용수시설, 소방출동로가 없는 지역
  ⑨ 소방관서장이 지정한 지역

2 소방안전관리 대상물의 구분

(1) 특급 소방안전관리 대상물
  ① 50층 이상 or 높이 200미터 이상인 아파트
  ② 30층 이상 or 높이 120미터 이상(아파트 제외)
  ③ 연면적 10만제곱미터 이상(② 및 아파트 제외)
   ※ 제외 : 동·식물원, 철강 등 불연성 물품 저장·취급 창고, 위험물 저장 처리 시설 중 제조소등, 지하구

(2) 1급 소방안전관리 대상물
  ① 30층 이상 or 높이 120미터 이상인 아파트
  ② 연면적 1만5천 제곱미터 이상, 층수가 11층 이상인 것(아파트 및 연립주택 제외)
  ③ 가연성 가스를 1천톤 이상 저장·취급하는 시설
   ※ 제외 : 동·식물원, 철강 등 불연성 물품 저장·취급 창고, 위험물 저장 처리 시설 중 제조소등, 지하구

시험 직전 꼭! 합격을 좌우하는 알짜 꿀 Tip

(3) 2급 소방안전관리 대상물
  ① 옥내소화전설비, 스프링클러설비, 물분무등소화설비를 설치하는 특정소방대상물
  ② 가연성가스 100톤 이상 1,000톤 미만 저장·취급하는 시설
  ③ 지하구
  ④ 공동주택
  ⑤ 보물 or 국보로 지정된 목조건축물

(4) 3급 소방안전관리 대상물
  간이스프링클러설비 또는 자동화재탐지설비를 설치하는 특정소방대상물(특급·1급·2급 대상물 제외)

(5) 소방안전관리보조자 대상물
  ① 300세대 이상 아파트
  ② 연면적 15,000m^2 이상
  ③ ①, ② 제외한 공동주택, 의료시설, 노유자시설, 수련시설 및 숙박시설(바닥면적 15,000m^2 미만 관계인이 and 24시간 상시 근무 제외)
  ※ 동일 구역(같은 필지) 내 2개 이상의 소방안전관리 대상물이 있는 경우 높은 급수에 따름.

▶ 소방안전관리보조자 최소 선임기준

대상	기본 선임	추가 선임
300세대 아파트	1명	초과 300세대마다 1명
연면적 1만5천m^2 이상 특정소방대상물	1명	연면적 1만5천m^2마다 1명
		방재실에 자위소방대 24시간 상시근무 and 소방펌프차, 소방물탱크차, 소방화학차, 무인방수차 운용 3만m^2마다 1명 추가 선임
공동주택(기숙사), 의료시설, 노유자시설, 수련시설 및 숙박시설	1명	

3 소방안전관리자의 선임자격

구분	선임자격	자격시험 응시자격
특급	① 소방기술사, 소방시설관리사 ② 소방설비기사 자격 취득 후 5년 이상 1급 실무경력 ③ 소방설비산업기사 자격 취득 후 7년 이상 1급 실무경력 (5년 + 2글자=7년) ④ 소방공무원으로 20년 이상 근무경력 ⑤ 특급 시험 합격자	① 1급 5년(소방설비기사 2년, 소방설비산업기사 3년) 이상 실무경력 ② 1급 선임자격 갖춘 후 특급·1급 보조자로 7년 이상 실무경력 ③ 소방공무원 10년 이상 근무경력 ④ 특급 보조자로 10년 이상 실무경력
1급	① 소방설비기사, 소방설비산업기사 ② 소방공무원으로 7년 이상 근무경력 ③ 1급 시험 합격자	① 5년 이상 2급 이상 실무경력 ② 2급 선임자격 취득 후 특급·1급 보조자로 5년 이상 실무경력 ③ 2급 선임자격 취득 후 2급 보조자로 7년 이상 실무경력 ④ 산업안전(산업)기사 자격 취득 후 2년 이상 2·3급 실무경력
2급	① 위험물기능장, 위험물산업기사, 위험물기능사 ② 소방공무원으로 3년 이상 근무경력 ③ 2급 시험 합격자	① 소방본부 또는 소방서에서 1년 이상 화재진압 또는 보조 업무 종사경력 ② 의용소방대원 3년 이상 근무경력 ③ 군부대 및 의무소방대 1년 이상 근무경력 ④ 자체소방대 3년 이상 근무경력 ⑤ 경호공무원 또는 별정직공무원 2년 이상 안전검측업무 근무경력 ⑥ 경찰공무원 3년 이상 근무경력 ⑦ 보조자로 3년 이상 실무경력 ⑧ 3급 안전관리자로 2년 이상 실무경력 ⑨ 건축·산업·기계·전기 등 기사 자격자
3급	① 소방공무원으로 1년 이상 근무경력 ② 3급 시험 합격자	① 의용소방대원 2년 이상 근무경력 ② 자체소방대원 1년 이상 근무경력 ③ 경호공무원 또는 별정직공무원 1년 이상 안전검측업무 근무경력 ④ 경찰공무원으로 2년 이상 근무경력 ⑤ 보조자로 2년 이상 실무경력

시험 직전 꼭! 합격을 좌우하는 알짜 꿀 Tip

4 소방안전관리자의 업무 내용

① 피난계획에 관한 사항과 소방계획서의 작성 및 시행
② 자위소방대 및 초기대응체계의 구성·운영·교육
③ 피난시설, 방화구획 및 방화시설의 유지·관리(대행)
④ 소방훈련 및 교육(연 1회 이상) ── 관계인은 못함
⑤ 소방시설이나 그 밖의 소방관련 시설의 유지·관리(대행)
⑥ 화기취급의 감독
⑦ 소방안전관리에 관한 업무수행에 관한 기록·유지
⑧ 화재발생 시 초기대응
⑨ 소방안전관리에 필요한 업무

5 소방안전관리업무의 대행

① 지상층의 층수가 11층 이상인 1급 소방안전관리대상물
   (연면적 15,000m² 이상인 특정소방대상물과 아파트 ×)
② 2급 및 3급 소방안전관리대상물

6 소방안전관리자의 선임 및 신고(위험물안전관리자도 동일)

(1) 선임기간 : 30일 이내
(2) 신고기간 : 소방서장에게 14일 이내

7 실무교육

소방안전관리자	소방안전관리보조자	그 이후 ⇨	2년 마다
선임된 날부터 6개월 이내	① 선임된 날부터 6개월 이내 ② 경력으로 선임된 보조자 3개월 이내		
강습교육 or 실무교육 받은 후 1년 이내 선임된 경우 → 강습·실무교육 이수한 날 강습·실무교육수료로 인정			

8 벌칙

1년 이하 징역 또는 1천만원 이하 벌금	소방안전관리자 자격증을 다른 사람에 빌려주거나 빌리거나 이를 알선한 자
300만원 이하 벌금	① 소방안전관리자, 총괄소방안전관리자, 소방안전관리보조자를 선임하지 아니한 자 ② 소방시설·피난시설·방화시설 및 방화구획 등이 법령에 위반된 것을 발견하였음에도 필요한 조치를 할 것을 요구하지 아니한 소방안전관리자 ③ 소방안전관리자에게 불이익한 처우를 한 관계인
300만원 이하 과태료	① 소방안전관리업무를 하지 아니한 특정소방대상물의 관계인 또는 소방안전관리대상물의 소방안전관리자 ② 피난유도 안내정보를 제공하지 아니한 자 ③ 소방훈련 및 교육을 하지 아니한 자
200만원 이하 과태료	기간 내에 선임신고를 하지 아니하거나 소방안전관리자의 성명 등을 게시하지 아니한 자
100만원 이하 과태료	실무교육을 받지 아니한 소방안전관리자 및 소방안전관리보조자

Chapter 3 소방시설의 설치 및 관리에 관한 법률

1 총칙

(1) 무창층

지상층 중 개구부(환기, 통풍, 출입을 위해 만든 창)의 면적의 합계가 해당 층의 바닥면적의 1/30 이하가 되는 층

▶ 개구부 요건

> ① 크기는 지름 50cm 이상
> ② 높이가 1.2m 이내일 것
> ③ 차량이 진입할 수 있는 빈터를 향할 것
> ④ 장애물이 설치되지 아니할 것
> ⑤ 내부 또는 외부에서 쉽게 열 수 있을 것

(2) 피난층 : 곧바로 지상으로 갈 수 있는 출입구가 있는 층(지하층이라도 피난층이 될 수 있음)

시험 직전 꼭! 합격을 좌우하는 알짜 꿀 Tip

2 피난시설, 방화구획 및 방화시설의 유지·관리

(1) 피난·방화시설의 범위

① 피난시설 : 계단(직통·피난), 복도, 출입구(비상구 포함), 그 밖의 피난시설(옥상광장, 피난안전구역, 피난용 승강기 및 승강장 등)

피난계단의 종류	피난 시 이동경로
옥내피난계단	옥내 ⇨ 계단실 ⇨ 피난층
옥외피난계단	옥내 ⇨ 옥외계단 ⇨ 지상층
특별피난계단	옥내 ⇨ **부속실** ⇨ 계단실 ⇨ 피난층

② 방화시설 : 방화구획(방화문, 자동방화셔터, 내화구조의 바닥·벽), 방화벽 및 내화성능을 갖춘 내부마감재 등

(2) 피난시설, 방화구획 및 방화시설의 폐쇄(잠금)행위

① 피난·방화시설을 화재 시 사용할 수 없게 폐쇄하는 행위
② 계단, 복도 등에 방법철책(창) 등을 설치하여 화재 시 피난할 수 없도록 하는 행위
③ 비상구 등에 잠금장치(고정식 잠금장치 등)를 설치하여 누구나 쉽게 열 수 없도록 하는 행위
④ 용접, 조적, 쇠창살, 석고보드 또는 합판 등으로 비상(탈출)구의 개방이 불가능하도록 하는 행위

※임의로 **무창층**을 만드는 행위 ✕

(3) 옥상광장 등의 설치

① 옥상광장 또는 2층 이상인 층에 노대등의 주위에 높이 1.2m 이상의 난간을 설치해야 함
② 옥상광장 설치 대상

> **5층** 이상의 층이 다음 용도로 쓰이는 경우
> ㉠ 근린생활시설 중 공연장·종교집회장·인터넷컴퓨터게임시설제공업소
> ㉡ 문화 및 집회시설(전시장 및 동·식물원 제외)
> ㉢ 종교시설, 판매시설, 위락시설 중 주점영업 또는 장례시설

3 방염

(1) **개요** : 연소 확대의 우려가 높은 다중이용시설이나 고층건물에 대하여 법령이 정하는 물품을 방염처리 하도록 의무를 부여함 → 연소확대 방지, 지연

(2) **방염성능기준 이상의 실내장식물 등을 설치하여야 할 장소**
   ① 근린생활시설 중 의원, 조산원, 산후조리원, 체력단련장, 공연장 및 종교집회장
   ② 건축물의 옥내에 있는 시설로 문화 및 집회시설, 종교시설, 운동시설(수영장 제외)
   ③ 의료시설, 숙박시설, 방송통신시설 중 방송국 및 촬영소
   ④ 노유자시설 및 숙박이 가능한 수련시설
   ⑤ 다중이용업소
   ⑥ 건축물의 층수가 11층 이상인 것(아파트 제외)
   ⑦ 교육연구시설 중 합숙소

(3) **방염대상 물품**
   ① 창문에 설치하는 커튼류(블라인드 포함)
   ② 카펫, 벽지류(두께가 2mm 미만인 종이벽지 제외)
   ③ 전시용 합판 또는 섬유판, 무대용 합판 또는 섬유판
   ④ 암막·무대막(영화상영관에 설치하는 스크린과 가상체험 체육시설업에 설치하는 스크린 포함)
   ⑤ 섬유류 또는 합성수지류 등을 원료로 하여 제작된 소파·의자(단란주점, 유흥주점, 노래연습장에 한함)
   ⑥ 건축물 내부의 천장이나 벽에 부착되거나 설치하는 종이류(두께 2mm 이상), 합성수지류, 섬유류, 합판이나 목재, 공간을 구획하기 위하여 설치하는 간이칸막이, 흡음재, 방음재

   ▶ 권장물품
   > 다중이용업소·의료시설·노유자시설·숙박시설 또는 장례식장에서 사용하는 침구류·소파 및 의자에 대하여 방염처리가 필요하다고 인정되는 경우

(4) ┌ 제조공정방염처리물품(한국소방산업기술원) : 커튼, 카펫 등 섬유류, 합판·목재류
    └ 현장방염처리물품(시·도지사) : 합판·목재류

시험 직전 꼭! 합격을 좌우하는 알짜 꿀 Tip

4 소방시설의 자체점검

(1) 점검대상 및 기술인력

점검구분	점검대상	점검기술인력
작동점검	① 간이스프링클러설비 or 자동화재탐지설비 설치된 경우	**관계인**, 소방시설관리사, 소방기술사
	①을 제외한 경우	소방시설관리사, 소방기술사
작동점검 제외	① 소방안전관리자를 선임하지 않는 대상 ② **위험물**제조소등 ③ **특급** 소방안전관리대상물	
종합점검	① 스프링클러설비가 설치된 경우 ② **물분무**등소화설비가 설치된 **5,000㎡** 이상인 경우 ③ **다중**이용업의 영업장이 설치된 **2,000㎡** 이상인 경우 ④ **제연설비가 설치된 터널**	소방시설관리사, 소방기술사

(2) 자체점검 결과의 조치 등

5 벌칙

구분	내용
5년 이하 징역 또는 5천만원 이하 벌금	소방시설에 폐쇄·차단 등의 행위를 한 자
3년 이하 징역 또는 3천만원 이하 벌금	① 소방시설이 화재안전기준에 따라 설치·관리되고 있지 아니할 때 관계인에게 필요한 조치명령을 정당한 사유 없이 위반한 자 ② 피난시설, 방화구획 및 방화시설의 유지·관리를 위하여 필요한 조치 명령을 정당한 사유 없이 위반한 자 ③ 소방시설 자체점검 결과에 따른 이행계획을 완료하지 않아 필요한 조치의 이행 명령을 하였으나, 명령을 정당한 사유 없이 위반한 자
★ 1년 이하 징역 또는 1천만원 이하 벌금	소방시설등에 대하여 스스로 점검을 하지 아니하거나 관리업자 등으로 하여금 정기적으로 점검하게 하지 아니한 자
300만원 이하 벌금	자체점검 결과 소화펌프 고장 등 중대위반사항이 발견된 경우 필요한 조치를 하지 않은 관계인 또는 관계인에게 중대위반사항을 알리지 아니한 관리업자 등
300만원 이하 과태료	① 소방시설을 화재안전기준에 따라 설치·관리하지 아니한 자 ② 공사현장에 임시소방시설을 설치·관리하지 아니한 자 ③ 피난시설, 방화구획 또는 방화시설을 폐쇄·훼손·변경 등의 행위를 한 자 ★ 　　1차 - 100만원, 2차 - 200만원, 3차 이상 - 300만원 ④ 관계인에게 점검 결과를 제출하지 아니한 관리업자등 ⑤ 점검결과를 보고하지 아니하거나 거짓으로 보고한 관계인 ⑥ 자체점검 이행계획을 기간 내에 완료하지 아니한 자 또는 이행계획 완료 결과를 보고하지 아니하거나 거짓으로 보고한 관계인 ⑦ 점검기록표를 기록하지 아니하거나 특정소방대상물의 출입자가 쉽게 볼 수 있는 장소에 게시하지 아니한 관계인

시험 직전 꼭! 합격을 좌우하는 알짜 꿀 Tip

Chapter 4 건축관계법령

1 총칙

(1) **방화구획** : 건축물 내부를 방화벽으로 구획 ⇨ 확산방지, 소화 작업 및 피난시간 확보
(2) **지하층** : 바닥으로부터 지표면까지의 평균높이가 해당 층 높이의 1/2 이상인 것
(3) **거실** : 거주, 집무, 작업, 집회, 오락 등의 목적으로 사용되는 방
(4) **대수선** : 내력벽 30m² 이상, 주요구조(기둥, 보, 지붕틀) 증설 or 해체, 3개 이상 수선 또는 변경

건축면적	건축물의 **외벽**(외벽이 없는 경우에는 외곽 부분의 기둥)의 중심선으로 둘러싸인 부분의 수평투영면적
바닥면적	건축물의 **각층 또는 그 일부**로서 벽·기둥 기타 이와 유사한 구획의 중심선으로 둘러싸인 부분의 수평투영면적
연면적	하나의 건축물의 각층의 바닥면적의 합계
건폐율	대지면적에 대한 **건축면적**(대지에 2 이상의 건축물이 있는 경우에는 이들 건축면적의 합계로 한다)의 비율
용적률	대지면적에 대한 **연면적**(대지에 2 이상의 건축물이 있는 경우에는 이들 연면적의 합계로 한다)의 비율

2 면적·높이·층수 등의 산정 및 제한

(1) **건축물 높이 산정에서 제외** : 옥상부분 중 건축면적의 1/8 이하인 경우 12m까지
(2) **층수** : 층 구분이 명확하지 않은 경우 4m
(3) **층수 산정에서 제외** : 지하층, 옥상부분 중 건축면적의 1/8 이하(공동주택으로 전용면적 85m² 이하인 경우 1/6 이하)

02 소방학개론

Chapter 1 ▶ 연소이론

1 연소의 3요소

① ┌ 가연물질(기체, 액체 및 고체상태)
  └ 가연물이 될 수 없는 물질 : 불활성기체, 물, 이산화탄소, 질소, 돌, 흙
② 산소공급원(공기, 산화제-1류·6류 위험물, 자기반응성 물질-NG, TNT)
③ 점화원(전기불꽃, 충격 및 마찰, 단열압축, 나화 및 고온표면, 정전기불꽃, 자연발화)
※ 4요소 - 연쇄반응

2 가연물질의 구비조건(작아지는 것만 암기)

① 활성화 에너지의 값이 **작아야** 한다.
② 발열량이 커야 한다.
③ 열전도의 값이 **작아야** 한다.
④ 산소, 염소와의 친화력이 강해야 한다.
⑤ 표면적이 큰 물질이어야 한다.
⑥ 연쇄반응을 일으킬 수 있는 물질이어야 한다.

Chapter 2 ▶ 화재이론

1 화재의 정의

사람의 의도에 반하거나, 고의(방화)에 의해 발생하는, 연소현상으로서 소화시설 등을 사용하여 소화할 필요가 있는 화학적인 폭발현상을 말한다.

시험 직전 꼭! 합격을 좌우하는 알짜 꿀 Tip

2 화재의 분류

(1) 일반화재(A급 화재) : 연소 후 재를 남긴다. 다량의 물 또는 수용액으로 소화할 수 있다.(물로서 냉각소화)
(2) 유류화재(B급 화재) : 연소 후 재를 남기지 않는다.
(3) 전기화재(C급 화재) : 변압기, 배전반, 전열기, 전기장판 등 전기를 취급(물 뿌리면 안 되고, 소화약재 사용)
(4) 금속화재(D급 화재) : 물과 반응하여 강한 수소를 발생시키는 것
(5) 주방화재(K급 화재) : 식용유, 식물성 유지, 동물성 유지 등 음식 조리용 기름에서 발생하는 화재

3 화재성상 단계 순서

(1) 초기
(2) 성장기 : 플래시오버가 일어나는 시점
(3) 최성기 : 최고의 온도와 실내 전체에 화염 충만
  - 내화구조 − 20~30분 이내(800~1,050℃)
  - 목조건물 − 10분 이내(1,100~1,350℃)
(4) 감쇠기

Chapter 3 소화이론

1 소화방법

(1) 제거소화 : 가연물을 제거하여 연소반응을 중지시켜 소화

  (예 가스밸브 폐쇄, 가연물 직접 제거·파괴, 산불화재 시 진행방향의 나무 제거)

(2) 질식소화 : 산소공급원을 차단하여 소화하는 방법으로 공기 중에 21% 함유된 산소 농도를 15% 이하로 억제함(예 불연성 기체로 연소물을 덮는 방법, 불연성 포로 연소물을 덮는 방법, 불연성 고체로 연소물을 덮는 방법)

(3) 냉각소화 : 냉각함으로써 소화

  (예 주수에 의한 냉각작용, 이산화탄소 소화약제에 의한 냉각작용)

(4) 억제소화 : 연쇄반응을 약화시켜 연소가 계속되는 것을 불가능하게 함

  (예 할론, 할로겐화합물 소화약제에 의한 소화)

2 소화약제의 종류

(1) 물소화약제 : 냉각, 질식효과

(2) 포소화약제 : 질식, 냉각효과

(3) 분말소화약제 : 질식, 부촉매

(4) 이산화탄소(CO_2) 소화약제 : 질식, 냉각효과

(5) 할론 소화약제 : 질식, 부촉매, 냉각효과

03 화기취급 감독

Chapter 1 공사장 안전관리 계획 및 감독

(1) 화재위험작업
  ① 인화성·가연성·폭발성 물질을 취급하거나 가연성 가스를 발생시키는 작업
  ② 용접·용단 등 불꽃을 발생시키거나 화기를 취급하는 작업
  ③ 전열기구, 가열전선 등 열을 발생시키는 기구를 취급하는 작업
  ④ 알루미늄, 마그네슘 등을 취급하여 폭발성 부유분진을 발생시킬 수 있는 작업

(2) 용접(용단) 작업 시 비산불티의 특성
  ① 용접(용단) 작업 시 수천 개의 비산된 불티 발생
  ② 비산불티는 풍향, 풍속 등에 의해 비산거리 상이
  ③ 비산불티는 약 1,600℃ 이상의 고온체
  ④ 발화원이 될 수 있는 비산불티의 크기의 직경은 약 0.3~3mm
  ⑤ 비산불티는 짧게는 작업과 동시에 수 분 사이, 길게는 수 시간 이후에도 화재 가능성이 있음
  ⑥ 용접(용단) 작업 시 작업높이, 철판두께, 풍속 등에 따른 불티의 비산거리는 조건 및 환경에 따라 상이

Chapter 2 위험물안전관리

1 위험물안전관리법의 목적과 정의

(1) 위험물 : 인화성 또는 발화성 등의 성질을 가지는 것으로서 대통령령이 정하는 물품
(2) 지정수량 : 위험물의 종류별로 위험성을 고려하여 대통령령이 정하는 수량
  (예) 휘발유 – 200L, 등유·경유 – 1,000L, 중유 – 2,000L, 알코올류 – 400L)

2 위험물안전관리자 선임

(1) 선임 : 30일 이내
(2) 신고 : 14일 이내

3 각 위험물류별 특성

제1류 위험물	산화성 고체(강산화제, 가열·충격·마찰 등에 의해 분해, 산소방출)
제2류 위험물	가연성 고체 - 성냥개비, 불꽃놀이
제3류 위험물	자연발화성물질 및 금수성물질
제4류 위험물	인화성 액체 - 대부분 물보다 가볍고, 증기는 공기보다 무거움(휘발성)
제5류 위험물	자기반응성 물질(1류+2류 만남) - 폭발
제6류 위험물	산화성 액체

4 유류의 공통적인 성질

① 공기보다 무겁고, 착화(발화)온도가 낮은 것은 위험하다.
② 인화하기 쉽다.
③ 물보다 가볍고 녹지 않는다.

Chapter 3 전기안전관리

1 주요 화재원인

① 전선의 합선에 의한 발화
② 누전에 의한 발화
③ 과전류(과부하)에 의한 발화
④ 절연불량 또는 정전기로부터의 불꽃
※ 절연은 화재원인으로 맞지 않다.

2 화재예방요령

하나의 콘센트에 여러 가지 전기기구를 꽂아서 사용하지 않는다(과부하 화재).

시험 직전 꼭! 합격을 좌우하는 알짜 꿀 Tip

Chapter 4 ▶ 가스안전관리

1 연료가스의 종류와 특성

구분	주성분	비중	폭발범위
액화석유가스 (LPG)	프로판(C_3H_8) 부탄(C_4H_{10})	1.5~2 (누출 시 낮은 곳 체류)	• 프로판(C_3H_8) : 2.1~9.5% • 부탄(C_4H_{10}) : 1.8~8.4%
액화천연가스 (LNG)	메탄(CH_4)	0.6 (누출 시 천장쪽에 체류)	5~15%

2 가스 사용 시 주의 사항

파란 불꽃 상태인지 확인(황색, 적색 불꽃은 불완전연소)

3 가스누설경보기 설치위치

(1) 공기보다 가벼운 가스(LNG) : 연소기로부터 수평거리 8m, 탐지기 하단은 천장면의 하방 30cm 이내

(2) 공기보다 무거운 가스(LPG) : 연소기 또는 관통부로부터 수평거리 4m, 탐지기 상단은 바닥면의 상방 30cm 이내

04 소방시설 종류, 구조·점검

Chapter 1 소방시설의 종류

1 소화설비

(1) 소화기구
  ① 소화기
  ② 간이소화용구 : 에어로졸식 소화용구, 투척용 소화용구, 소공간용 소화용구 및 소화약제 외의 것을 이용한 간이소화용구
  ③ 자동확산소화기

(2) 자동소화장치
  ① 주거용 주방자동소화장치
  ② 상업용 주방자동소화장치
  ③ 캐비닛형 자동소화장치
  ④ 가스자동소화장치
  ⑤ 분말자동소화장치
  ⑥ 고체에어로졸자동소화장치

(3) 옥내소화전설비, (간이·화재조기압용) 스프링클러설비
  ▶ 스프링클러설비의 종류별 특징 및 장·단점

구분	습식	건식	준비작동식	일제살수식
1차측	가압수 = 소화수			
2차측	소화수	압축공기	대기압상태	
헤드	폐쇄형			개방형
장점	간단·신속	동파방지	동파방지, 헤드보다 감지기가 먼저 작동	초기화재 신속 대처, 층고 높은 장소 소화 가
단점	동파 우려	시간지연, 압축공기로 화재촉진 우려, 유지·관리 어려움	구조복잡, 비용부담	대량살수피해

시험 직전 꼭! 합격을 좌우하는 알짜 꿀 **Tip**

(4) 물분무등소화설비(물분무, 미분무, 포, 이산화탄소, 할로겐, 청정, 분말, 강화액, 고체에어로졸)
(5) 옥외소화전

2 경보설비

감지기, 경보기, 탐지설비, 통합감시시설

3 피난구조설비

(1) 피난기구 : 미끄럼대·피난사다리·구조대·완강기·그 밖의 피난기구
(2) 인명구조기구 : 방열복·공기호흡기·인공소생기·방화복
(3) 유도등 : 피난유도선, 피난구·통로·객석 유도등, 유도표지
(4) 비상조명등 및 휴대용비상조명등

4 소화활동설비

무선통신보조설비, 비상콘센트

Chapter 2 소화설비

1 소화기구

(1) 소방기구의 종류 : 소화기, 간이소화용구, 자동확산소화기
(2) 소형·대형 소화기구분

소형소화기	능력단위 1단위~대형소화기 능력단위 미만	
대형소화기	A급 화재	10단위
	B급 화재	20단위
분말소화기	가압식소화기	현재 생산 중단
	축압식소화기	지시압력계, 0.7~0.98MPa

▶ 분말소화기 소화약제 종류

$NH_4H_2PO_4$(제1인산암모늄)	담홍색	ABC급
$NaHCO_3$(탄산수소나트륨)	백색	BC급
$KHCO_3$(탄산수소칼륨)	담회색	

(3) 소화기의 설치 기준
   ① 각층마다 설치
   ② 보행거리가 소형 20m 이내, 대형 30m 이내 배치
   ③ 바닥면적이 33m²(10평) 이상
   ④ 소화기구 설치높이는 바닥으로부터 1.5m 이하의 곳
   ⑤ 이산화탄소 또는 할로겐화합물(할론1301과 청정 제외)을 방사하는 소화기구(자동확산소화기 제외)는 지하층이나 무창층 또는 밀폐된 거실로서 그 바닥면적이 20m² 미만인 경우 설치 불가

▶ 특정소방대상물별 소화기구의 능력단위 기준

소방대상물	능력단위
1. 위락시설	30m²마다
2. 공연장·집회장·관람장·문화재·장례식장 및 의료시설	50m²마다
3. 근린생활시설·판매시설·운수시설·숙박시설·노유자시설·전시장·공동주택·업무시설·방송통신시설·공장·창고시설·항공기 및 자동차 관련시설 및 관광휴게시설	100m²마다
4. 그 밖의 것	200m²마다

2 주거용 자동소화장치

아파트등 및 오피스텔

시험 직전 꼭! 합격을 좌우하는 알짜 꿀 Tip

Chapter 3 경보설비

1 자동화재탐지설비

(1) 화재초기에 발생되는 열 또는 연기나 불꽃 등을 감지기에 의해 감지하여 자동적으로 경보를 발함
(2) 설비의 구성요소 : 감지기, 수신기, 발신기
(3) 설치기준
  ① 수신기 : 조작스위치의 높이 0.8m 이상 1.5m 이하
  ▶ 경계구역

> 자동화재탐지설비의 1회선이 화재의 발생을 유효하고 효율적으로 감지할 수 있도록 적당한 범위를 정한 구역
> ※ 하나의 경계구역의 면적은 600㎡ 이하

  ▶ 수신기의 스위치별 기능
    ㉠ 발신기응답표시등 : 발신기의 조작에 의한 신호인지의 여부를 식별해주는 표시장치
    ㉡ 스위치주의표시등 : 정상위치에 있지 않을 경우 점멸, 점등을 반복
  ② 발신기 : 수동으로 누름버튼을 눌러 수신기에 신호를 보내는 것
    ㉠ 스위치의 높이는 0.8m 이상 1.5m 이하 높이에 설치
    ㉡ 층마다 설치, 수평거리가 25m 이하가 되도록 설치
  ③ 감지기의 종류

열감지기	차동식 스포트형 감지기	일정상승률 이상이 되는 경우 - 다이아프램
	정온식 스포트형 감지기	일정온도 이상이 되었을 때 - 바이메탈
	보상식 스포트형 감지기	차동식과 정온식의 장점을 모아놓은
연기감지기	이온화식 스포트형	이온전류 감소, 작은입자(0.01~0.3μm), B급화재 등 불꽃화재
	광전식 스포트형	광량의 증감, 큰입자(0.2~1μm), A급화재 등 훈소화재

  ④ 음향장치
    ㉠ 수평거리 25m 이하
    ㉡ 음량크기 1m 떨어진 곳에서 90dB 이상
  ⑤ 배선 : 송배전식으로 한다(2선으로 4가닥).
    ※ 송배전식이란 도통시험(선로의 정상연결유무 확인)을 원활하게 하기 위한 배선방식

Chapter 4 ▸ 피난구조설비

1 피난기구의 종류

(1) 구조대

(2) 완강기
① 사용자의 몸무게에 의하여 자동적으로 내려올 수 있는 기구(연속적으로 사용할 수 있는 것)
② 구성요소 : 조속기, 조속기의 연결부, 로프, 연결금속구, 벨트로 구성

(3) 간이완강기 : 일회용의 것

(4) 피난사다리

(5) 미끄럼대

(6) 기타 피난기구 : 피난용트랩, 공기안전매트

2 인명구조기구

(1) 방열복

(2) 공기호흡기

(3) 인공소생기

(4) 방화복(헬멧, 보호장갑, 안전화 포함)

3 비상조명등

- 비상조명등 유효 작동시간 : 20분 이상(지하층 제외 11층 이상, 도매시장·소매시장 등으로 사용되는 지하층 또는 무창층 60분 이상)

시험 직전 꼭! 합격을 좌우하는 알짜 꿀 Tip

4 유도등 및 유도표지

(1) 개요 : 정전되었을 때는 비상전원으로 자동절환되어 20분 이상 작동(지하층 제외 11층 이상, 도매시장·소매시장 등으로 사용되는 지하층 또는 무창층으로서 60분 이상 작동)할 수 있는 구조

피난구유도등		바닥으로부터 높이 1.5m 이상의 위치에 설치
통로유도등	복도통로유도등	높이 1m 이하
	거실통로유도등	높이 1.5m 이상
	계단통로유도등	높이 1m 이하
객석유도등		객석유도등 설치개수(개) = $\dfrac{\text{객석통로의 직선부분의 길이}}{4} - 1$

(2) 유도등의 3선식 배선 시 자동으로 점등되는 경우
   ① 감지기 또는 발신기가 작동되는 때
   ② 발신기가 작동되는 때
   ③ 정전되거나 전원선이 단선되는 때
   ④ 수동으로 점등하는 때
   ⑤ 자동소화설비가 작동되는 때

05 소방계획의 수립

Chapter 1 소방계획의 수립

(1) 소방계획의 주요원리
① 종합적 안전관리(모든 형태의 위험 포괄, 재난의 전주기적 단계 위험성 평가)
② 통합적 안전관리
③ 지속적 발전모델

(2) 소방계획의 작성원칙 : 실현가능, 관계인 참여, 구조화, 실행우선

Chapter 2 자위소방대 및 초기대응대 구성·운영

1 지구대 구역 설정 기준

구분	수직구역	수평구역	임차구역	용도구역
적용기준	층	면적	관리권원	용도
구역설정	단일 층 or 일부 층(5층 이내)을 하나의 구역으로	하나의 층이 1,000m² 초과 시 추가 설정 or 대상물의 방화구획 기준으로 구분	관리권원(임차권) 별로 분할 or 다수 관리권원 통합	비거주용도 (주차장, 공장, 강당 등) 제외

Chapter 3 화재대응 및 피난

(1) 화재대응
① 화재신고 시 소방기관에서 알았다고 할 때까지 전화를 끊지 않는다.
② 비상연락체계 활용 대원 소집

(2) 피난
① E/V 절대 이용 ×
② 경량칸막이 이용 옆 세대로

06 응급처치

Chapter 1 응급처치개요
(1) 응급처치의 목적 : 생명을 구하고, 합병증 예방, 회복을 빠르게 함, 의료비 절감
(2) 기도확보(유지) : 구강 내 이물질 제거

Chapter 2 응급처치요령
(1) 출혈(체온저하, 호흡/심박 불규칙, 탈수, 동공확대, 혈압저하, 창백)
   ① 성인의 혈액 총량 약 4~6L
   ② 직접압박, 압박점 압박, 지혈대 사용
(2) 화상
   ① 표피화상(1도) : 피부외증, 홍반, 흉터 없음
   ② 부분층화상(2도) : 피부내층, 표피 얼룩, 수포, 진물, 흉터
   ③ 전층화상(3도) : 피부 전층 손상, 매끈, 회색 또는 검은색, 건조, 통증 없음
(3) 심폐소생술 시행방법
   ① 반응의 확인
   ② 119 신고
   ③ 호흡확인(10초 이내 판별)
   ④ 가슴압박 30회 시행[분당 100~120회, 약 5cm(소아 4~5cm) 깊이]
   ⑤ 인공호흡 2회 시행
   ⑥ 가슴압박과 인공호흡의 반복(30 : 2)
   ⑦ 회복자세

07 소방안전교육 및 훈련

Chapter 1 소방교육 및 훈련

(1) 소방교육 및 훈련의 실시원칙
　① 학습자 중심의 원칙
　② 동기부여의 원칙
　③ 목적의 원칙
　④ 현실의 원칙
　⑤ 실습의 원칙
　⑥ 경험의 원칙
　⑦ 관련성의 원칙

SHORTS
소방안전 관리자 2급
기출예상문제집